环保进行时丛书

温馨的环保家居大全

WENXIN DE HUANBAO JIAJÜ DAQUAN

主编：张海君

花山文艺出版社

河北·石家庄

图书在版编目（CIP）数据

温馨的环保家居大全 / 张海君主编.—石家庄 ：
花山文艺出版社，2013.4（2022.3重印）
（环保进行时丛书）
ISBN 978-7-5511-0946-8

Ⅰ.①温…　Ⅱ.①张…　Ⅲ.①环境保护—青年读物②
环境保护—少年读物　Ⅳ.①X-49

中国版本图书馆CIP数据核字（2013）第080910号

丛 书 名：环保进行时丛书
书　 名：温馨的环保家居大全
主　 编：张海君

责任编辑：梁东方
封面设计：慧敏书装
美术编辑：胡彤亮
出版发行：花山文艺出版社（邮政编码：050061）
　　　　　（河北省石家庄市友谊北大街 330号）

销售热线：0311-88643221
传　 真：0311-88643234
印　 刷：北京一鑫印务有限责任公司
经　 销：新华书店
开　 本：880×1230　1/16
印　 张：10
字　 数：160千字
版　 次：2013年5月第1版
　　　　　2022年3月第2次印刷
书　 号：ISBN 978-7-5511-0946-8
定　 价：38.00元

目 录

温
馨
的
环
保
家
居
大
全

第三章　共同打造绿色低碳家居

第四章　家居污染，你意识到了吗

第五章　低碳装修，绿色家居生活第一步

温
馨
的
环
保
家
居
大
全

第一章

家居美化，低碳有方法

一、家居色彩有科学

家居色彩与健康

人们由于受到房间及其布置色彩的刺激，可引起一种心理现象和联想，即居室的色彩感觉。这种感觉对居住者的身体健康有极大影响，而且不同的色彩对人体健康的影响也不同。

蓝色：舒适宁静 对人体有降低脉搏、调整体内平衡的作用，通常既可消除人的紧张情绪，又可减轻人的晕厥、头痛发热和失眠等症状。人如果生活在适宜的蓝色居室中，会感到宁静而舒适。

靛蓝色：产生安全感 可使肌肉放松，调节视觉、听觉和嗅觉，可减轻身体对疼痛的敏感作用。若用靛蓝色布料装饰卧室，可使人产生安全感。

绿色：镇静凝神 绿色不但对人体消化功能和保持身体平衡极为有利，还有镇静神经的作用。因此，好动者、身心压抑者或具有晕厥、疲劳和消极情绪的人生活在绿色环境中极为有利。

红色：增强血液循环 红色具有兴奋、刺激神经系统和增加腺素分泌及增强血液循环的功能，但过强的红色会使人身心压抑而产生焦虑的感觉，从而使易于疲劳者感到精疲力竭。

黄色：加强逻辑思维 黄色对人体兼有刺激神经系统、促进消化系统和加强逻辑思维能力的作用，可使人精神振奋，产生一种愉快、舒适的感觉。

紫色：保持钾平衡 可压抑淋巴系统、运动神经和心脏系统，对保持体内钾的平衡有不可忽视的作用。

橙色：有助于钙的吸收 能使人产生活力的橙色对食欲有诱发作

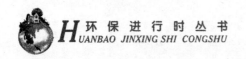

用，并有助于对食物中钙的吸收，从而有益于人体恢复和保持健康。

各种琳琅满目的色彩用途迥异。装饰居室时，如能科学搭配使色彩浅淡适宜，既能给人以舒适感，又能消除疲劳，增进身心健康。

装修配色定律

1.空间配色不得超过三种，其中白色、黑色不算色。

2.金色、银色可以与任何颜色相配衬。金色不包括黄色，银色不包括灰白色。

3.家用最佳配色是：墙浅，地中，家具深。

4.厨房不要使用暖色调，黄色色系除外。

5.不要用深绿色的地砖。

6.坚决不要把不同材质但色系相同的材料放在一起。

7.想制造明快现代的家居品位，就不要选用那些印有大花小花的东西(植物除外)，尽量使用素色的设计。

8.天花板的颜色必须浅于或与墙面同色。当墙面的颜色为深色设计时，天花板必须采用浅色。

9.空间非封闭贯穿的，必须使用同一配色方案。不同的封闭空间，可以使用不同的配色方案。

巧用色彩弥补房间缺陷

对不同的色彩，人们的视觉感受是不同的。充分利用色彩的调节作用，可以重新"塑造"空间，弥补居室的某些缺陷。

房间狭长　要弥补这一缺陷，在两堵短墙上所用的色彩应比两堵长墙深暗些，即短墙要用暖色，而长墙要用冷色，因为暖色具有向内移动感。另一种方法是至少一堵短墙上的墙纸颜色要深于一堵长墙上的墙纸颜色，而且墙纸上的图案要呈鲜明的水平排列。这样的处理将会产生将墙面向两边推移的效果，从而增加房间的视觉空间。

温馨的环保家居大全

顶棚太高　要降低顶棚的视觉高度，可用较墙面温暖、深浓的色彩来装饰顶棚。但必须注意色彩不要太暗，以免使顶棚与墙面形成太强烈的对比，使人有塌顶的错觉。

顶棚太低　在这种情况下，顶棚的颜色最好用白色，或比墙面淡的色彩，以"提升"棚顶。用条木装饰棚顶也行，一根根条木能给棚顶带来一种动感。

房间太小且太方正　生活在这种空间里犹如关禁闭。要

顶棚太高的装修

扩大视觉空间，可满地铺设不花哨的中性色地毯，但色彩不能太深，也不能太浅。墙面至少使用两种较地毯淡的色彩。墙顶用白色，而门框及窗框采用与墙面相同的色彩。

房间太大而无个性　现在家居住宅大多流行大厅，不少人很不习惯。实际上可用暖色来营造一间较为温馨惬意的居室，因为暖色有向内移动感，房间看上去就没那么大了。也可用色彩鲜艳的大图案窗帘及装饰织物。房间铺上暖色、质地疏松的大地毯会增强其个性。墙面采用桃红色、杏黄色及珊瑚色会显得温暖，并与木器、门、框架及窗形成对比，以有效分割空间，营造一种温馨的气氛。

"白改彩"需防"视觉污染"

如今装修"四白落地"已逐渐从年轻人的视线里消失，取而代之的是丰富的色彩组合。但是，在选择涂料色彩时，要考虑全面，除美的要求外，还要考虑房间功能、空间形式等。

第一章　家居美化，低碳有方法

温馨的环保家居大全

房顶到地面的颜色要由浅入深

比如顶棚及墙面用浅色，墙裙、踢脚线的颜色逐渐加深，能给人一种上轻下重的稳定感，并从视觉上增加房间高度。

采光决定色彩冷暖　朝东和朝北的房间日照时间短，使用浅暖色是最保险的。朝南的房间采光好，可以选用厚重的冷色。

用颜色区分房间用途　客厅宜选用明快的色彩，以在视觉上增大房间面积。厨房颜色不宜过重，以显得更洁净。卧室风格可以根据房间主人的喜好决定，需要注意的是，儿童房颜色不宜过于鲜艳，避免对孩子的眼睛造成刺激，影响其视力发育。而且，鲜艳的涂料中重金属含量较高，对人的健康存在危害，尤其是儿童，容易造成铅、汞的过量摄入。老人房间适宜选择浅色调，能提高睡眠质量。

一个房间内的颜色不宜超过三种，以防造成"视觉污染"，颜色过滥会对人的视觉神经造成刺激，容易引起兴奋、失眠等不良效果。

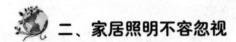

二、家居照明不容忽视

室内照明要和谐

功能要求　根据不同的空间、不同的场合、不同的对象选择不同的照明方式和灯具，并保证恰当的照度和亮度。例如，卧室要温馨，书房和厨房要明亮实用，卫生间要温暖、柔和。

协调要求　在选择和设计灯光和灯具时，一是要考虑灯饰与家具的配衬协调。选购灯饰，需考虑与室内装修风格和家具格调的和谐配套。灯具的色彩、造型、式样，必须与室内装修和家具的风格相称，彼此呼应。华而不实的灯饰非但不能锦上添花，反而画蛇添足。二是要根据灯具与居室空间大小、总的面积、室内高度等条件来选择灯具的尺寸、类型和多少。三是要注意色彩的协调，即冷色、暖色视用途而定。

科学合理 要避免眩光，以保护视力、提高工作和学习效率。要合理分布光源，光线照射方向和强弱要合适，避免直射人的眼睛。保持稳定的照明、光源不要时暗时明或闪烁。

灯饰的布置

客厅 客厅一般以一盏大方明亮的吊灯或吸顶灯作为主灯，搭配其他多种辅助灯饰，如：壁灯、筒灯、射灯等。就主灯饰而言，如果客厅层高超过3.5米以上，可选用档次高、规格尺寸稍大一点的吊灯或吸顶灯；若层高在3米左右，宜用中档豪华型吊灯；层高在2.5米以下的，宜用中档装饰性吸顶灯或不用主灯。另外用独立的台灯或落地灯放在沙发的一端，让灯光散射于整个起坐区，用于交谈或浏览书报。在电视机旁放一盏微型低照度白炽灯，可减弱厅内明暗反差，有利于保护视力。

餐厅 餐厅灯光装饰的焦点当然是餐桌。灯饰可用垂悬的吊灯，吊灯不能安装太高，在用膳者的视平线上即可。长方形的餐桌，则安装两

餐厅

第一章　家居美化，低碳有方法

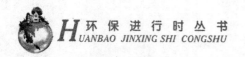
盏吊灯或长的椭圆形吊灯。

厨房 灯具要安装在能避开蒸汽和烟尘的地方，宜用玻璃或搪瓷灯罩，因为这类灯罩便于擦洗又耐腐蚀。如果洗衣机安在厨房里，则还应增加一盏亮度较高的灯，以便检查洗衣的质量。

盥洗间 宜用壁灯代替顶灯，这样可避免水蒸气凝结在灯具上影响照明和腐蚀灯具。

书房 光线最好从左肩上端照射，或在书桌前方装设亮度较高又不刺眼的台灯。专用书房的台灯，宜采用艺术台灯，如旋壁式台灯或调光艺术台灯，使光线直接照射在书桌上。为检索方便可在书柜上设隐形灯。

卧室 卧室要求有较好的私密性。光线要求柔和，不应有刺眼光。可选择光线不强的吸顶灯为基本照明，安置在天棚中间；墙上和梳妆镜旁可装壁灯；床头配床头灯，除了常见的台灯之外，底座固定在床靠板上的可调灯头角度的现代金属灯，美观又实用。

卫生间 卫生间则应该采用明亮柔和的灯具，光源应采用指数高的白炽灯。灯具可以隐藏在镜子后面或者上方。安装顶灯则要避免安装在水蒸气直接笼罩的浴缸上面。壁灯或顶灯的照明功率以40~60瓦为宜。

巧用灯饰扮靓家居

没有光就没有形象，现代的室内装潢之美，有很大一部分是靠光线来表达的。从某种意义上说，光线是房间的灵魂，灯具因而成为空间的点睛之笔。

吊灯 在房间的中央装一盏吊灯作为主体照明灯具，能使室内的光线保持在均匀、柔和的理想状态下。

射灯 射灯常用于客厅、门廊或卧室、书房，射灯投射的光束可集中于一幅画、一座雕塑、一盆花、一件工艺品等，能创造出丰富多彩、神韵奇异的光影效果。

壁灯 壁灯可装饰在床头上方、橱柜、墙壁等处，选用不同造型、色彩的壁灯，可以营造出不同的气氛。壁灯的照度不宜过大，光线淡雅和谐，这样更富有艺术感染力。

　　台灯　台灯既是室内照明不可缺少的工具，又是摆设品。因其摆设在桌柜、几案的特殊地位，特别要讲求装饰效果。

　　落地灯　落地灯造型挺拔、优美，一般摆放在客厅的休息区域里，和沙发、茶几配合使用，以满足房间局部照明和点缀家庭环境的需求。

落地灯

壁灯安装的讲究

　　壁灯是室内装饰灯具，一般多配用乳白色的玻璃灯罩，灯泡功率多在15～40瓦左右。光线淡雅和谐，可把环境点缀得优雅、富丽。

　　壁灯的种类和样式较多，一般常见的有吸顶灯、变色壁灯、床头壁灯、镜前壁灯等。吸顶灯多装于阳台、楼梯、走廊过道以及卧室、适宜作长明灯；变色壁灯多于节日、喜庆之时采用；床头壁灯大多装在床头的左上方，灯头可反向转动，光束集中，便于阅读；镜前壁灯多装饰在盥洗间镜子附近。

　　壁灯安装高度应略超过视平线，壁灯的照明度不宜过大，这样更富有

艺术感染力。壁灯灯罩的选择应根据墙色而定，如白色或奶黄色的墙，宜用浅绿色、淡蓝色的灯罩；湖绿色和天蓝色的墙，宜用乳白色、淡黄色、茶色灯罩。这样在大面积一色的底色墙面上，点缀上一只显眼的壁灯，给人以幽雅清新之感。

连接壁灯的电线要选用浅色，便于涂上与墙色一致的涂料，以保持墙面的整洁。另外，可先在墙上挖一条正好嵌入电线的小槽，把电线嵌入，用石灰填平，再涂上与墙面相同的涂料。

如果已经安装了床头壁灯和沙发壁灯，可省去床头柜台灯和沙发落地灯，这样既方便实用又美观大方。

射壁灯布置的讲究

射壁灯在照明布置中的作用不可低估，它既能用作主体照明，又能作为一种装饰光和辅助光，为居室增色。

居室里的家具如果是组合式，那选择一至几盏射壁灯再合适不过。一般可将灯安在家具两边的墙上，灯架垂直，灯罩可略倾斜。有些组合式

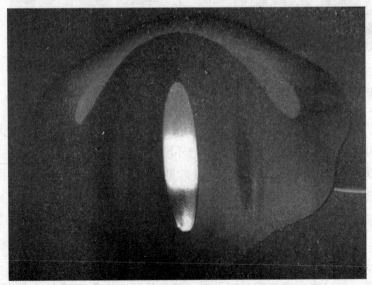

射壁灯

家具用木板隔成一个个小区域，层次分明，那么将射壁灯直接安在小区域里，既可用于局部照明，又可烘托居室明朗的气氛，起到"画龙点睛"的作用。

如果在床头安上一盏射壁灯，则成为光线柔和的床头灯，高度一般以人坐在床上与头部平行为宜。用阻燃工程塑料制成的灯罩完全不透光，光线完全洒在照射区内，而非照射区则是一片黑暗。因此，夜晚开灯时，一点也不影响他人休息。

射壁灯也可安在盥洗室里充当镜前灯。安装时宜将灯架横过来，高度在洗脸池的上方。由于灯罩转动自如，所以小小盥洗室只要安上一盏灯就足够了。无论哪个地方需要打光，它都能"投其所好"。

不少人尝试用射壁灯代替吊灯，效果也不错。安装时只要将底儿倒过来固定在天花板下即可。如果居室较长或带有酒柜等，以安装一排射壁灯为佳。如居室接近正方形，则可在天花板四周装上射壁灯，但开关最好分开控制，全部开启时，就成为居室的主体照明；单独开启时，则是一盏射灯、壁灯或者"单火吊灯"，别有一番情趣。

家里别装黑光灯

许多装修者对居室照度的卫生学要求并不十分了解，认为越豪华越好，甚至模拟高级宾馆的样式进行装修。殊不知，宾馆的客房是旅游、出差办事者临时居住的场所，尽管房间豪华、舒适，但它的照明设备主要是供客人休息的，不需要太亮，而在家庭里，为了保证眼睛健康，必须有充足的亮度。

黑光灯

环保进行时丛书　HUANBAO JINXING SHI CONGSHU

　　另外，有些住户住房条件好，把客厅的照明和音响设备装修成舞厅一样，周末或节假日亲朋好友相聚，搞一个Party，席间来一个家庭舞会。旋转式活动光源闪烁着五颜六色的光芒，黑光灯烘托着舞厅的气氛。而当人们在翩翩起舞、纵情歌唱时，却并不知道这些灯光在悄悄地危害着自己的眼睛。

　　黑光灯可以发出波长在250～320纳米的紫外光。这是一种外形有别于紫外灯的装饰灯，它发出的紫外线可诱使白色物质发出荧光，白衬衫(白衬衫内有荧光增白剂)在黑光灯照射下，发出荧光。如果长期接受这种黑光灯的照射，可使人倦怠无力、头昏、性欲减退、月经不调、神经衰弱等，同时可诱发白内障。旋转活动灯及彩色光源，可使人眼花缭乱，对眼睛极其不利，而且干扰大脑中枢神经系统，使人感到头晕目眩、站立不稳。这也就是有些人一到舞厅就感到不舒服的原因。

灯光设计的误区

　　误区一　许多人盲目使用射灯(即卤素钨丝灯泡)。射灯原来是用于重点照明的，有强调展示品的作用，但现在反而用在一般照明上。天花板上的射灯使得天花板过分抢眼，对其他物体的照明效果反而相对减弱。

　　误区二　许多人为了省电，过多地使用节能灯，忽略了灯光在营造家庭气氛方面的作用。节能灯其实是日光灯的一种，它虽然省电，但也有日光灯的缺点，即灯光过于冷白。因此，从营造居家温馨气氛的角度来看，过多地使用节能灯显然是不合理的。

学习台灯

　　误区三　很多人偏好水

晶灯，觉得它是一种气派象征，却没有注意到国内住宅的天花板高度一般在3米以下。因此，如果盲目地使用水晶灯，反而会造成压迫感。

室内照明的误区

误区一：暖色照明有利阅读　与普遍认识不同，暖色调的光源因其色温较低，并不利于学生阅读或书写。研究表明，5000K和6500K的高色温(冷色光源)更受学生欢迎，较适于阅读、书写等要求较高的视觉作用。另外，在照度水平大于500勒克斯的环境下视觉作业的效率较高，视觉感受较好，更利于学生阅读书写。因此，在设置家庭用光环境时，应当注意选用高色温光源(冷色光源)的学习台灯，而非暖色光源的台灯。

误区二：突出台面无背景光　通常人们都注重将照明集中于工作台面，而忽视环境光照的设置。研究发现，对于使用台灯进行重点照明的学习环境，环境照明应当充分考虑，不宜过暗。在设置中小学生的家庭用光环境时，仅仅开启台灯无环境照明的设计是不科学的，这样更容易导致视觉疲劳的加剧，从而影响其视力健康。另外，看电视或玩电脑也不要在全暗的环境下，也同样需要一定的背景光。

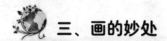 **三、画的妙处**

怎样用画美化家居

营造温暖气氛　一家人用餐的饭厅，不需要太讲究排场，选择几幅舒服的小型画作，甚至是孩子的实验作品和涂鸦，挂在餐桌后的墙身，例如排成"田"字，既温馨又可爱，给人暖洋洋的感觉。

塑造开阔空间的感觉　客厅面积如果很小，沙发、茶几都摆放得很近，会给人很拥挤的感觉，挂起画来就要格外注意，否则会给人压迫

感。如果墙壁缺乏空间，应该选中型的画作，只挂一幅就能给人开阔空间的错觉，也比较大方。如果画作或相框太小、太多，只会给人"散散"的混乱感。

营造舒适随意的气氛　卧室是休息的天地，舒适自由最重要，在墙上挂画可能略嫌抢眼，倒不如将画框放在地上，靠墙轻放，更有味道及特色。

布置出童真的趣味　孩子们的睡房要怎么挂画？"小人国"的家具都是小巧可爱的，如果画太大，就会破坏童真的趣味。让孩子自选几幅可爱的小图像，然后拟定好有趣的构图，顽皮随意地摆挂，比井井有条更来得过瘾、有趣。

此外，在挂画过程中，灵活运用框架也可带来不同的视觉效果，例如：

方形对称美：采用方框时，每边需预留空白位，免得四四方方的图画看起来呆板，犹如被正方形框框困牢。

特长相框显气势：特长相框把两幅或两幅以上的小型图像，镶裱在同一个画框里，给人简洁归一的感觉，而且横放直放都可以，但要预留足够

孩子们的卧室要"温暖"

白边，以突出每幅图像。

粗框演绎个性：以体积较小的明信片或小张图像镶裱在粗框里，甚至以另一个小粗相框裱在大框里，更能让内容合二为一，成为有趣别致的挂墙艺术。

脱离传统框框：只有底板和玻璃的"无形"框子，看起来轻松活泼，装裱海报效果不错，最好选择4边预留白位的印刷品，要不然背景墙会变成画像的超巨框框，难看又不伦不类。

家居悬挂字画的艺术

装裱加框　字画大都装裱成卷轴的形式。悬挂时，可以在适当地方系一细线固定，以防移动造成损坏。由于中国字画是以造型和水墨颜色为主调的，作画框要有流畅的线条，颜色要力求沉稳。

色彩协调　字画的色彩选择一定要考虑到和居室、家具的色彩搭配，这样才能给人以富丽高雅的感觉，否则将会适得其反。

高低适宜　为便于欣赏，字画一般宜挂在墙壁从上至下2／5处比较适宜，因为这个高度，画的中心正好处于人直立时的平行视线的偏高位置上，看起来最顺眼。

采光合理　字画的悬挂与采光有着密切的联系，应将字画挂在采光好而又开阔的墙面上，如床边、迎面墙、书桌、茶几和沙发等低矮家具上方，而不宜挂在角落阴影或高大家具旁。工笔画最好挂在向阳明亮处。光线较暗的地方，适宜挂粗毛画。

忌多求精　如果居室面积不够宽敞，悬挂的字画数量不宜过多。居室字画贪多求全，会使人感到杂乱无章，烦琐沉重，甚至庸俗。

家居悬挂油画的讲究

向前倾斜　一般来说，油画比起其他画种在陈列上有它的局限性。首先是容易反光，另外，用厚涂法强调画面肌理的油画，因有起伏而容易积尘。为了达到较好的视觉效果和保护画面，在悬挂时应有一个向前下方的

温馨的环保家居大全

倾斜度。油画面对正面光时，效果往往较差，应采用侧前上方光线，且尽可能做到悬挂处的光源与作画时的光源相一致，如作画时光源在左侧，悬挂时也应与此光源一致。

高低适度 挂画的高度要根据居室的具体场合进行调整。悬挂得太低，不利于画面的保护和观察；悬挂得过高，又使欣赏者仰视造成不便，同时会因画面产生透视变形，影响欣赏效果。

宁疏勿密 如果需要悬挂多幅油画，应考虑到画与画之间的距离，宁疏勿密。同时要照顾到远观时的大效果，尽量将色调相近、内容相近的画幅分开，不要并列在一起，才能使整个墙面的画幅有轻重、冷暖起伏等的变化。

避光陈列 油画装入玻璃框陈列，对保护画面有利，但效果要比不带玻璃的差，无论怎样陈列，都要避免日光反射和强烈的灯光照射。

如何选择装饰画

清新的中国画

在居室挂上漂亮的画可使房间增色不少，给人以锦上添花之感。那么，如何选购墙画呢？以下几条可供参考。

中国画 大众化的摆饰，花鸟虫鱼题材的画作，可使居室显得格外清新宜人。

水彩画 居室内挂上一幅水彩画，可使人从水彩画的水分中感到房间似乎散发着诗意和朦胧美。

抽象画 用独特的线条和色彩进行画面组合，构成强烈的视觉效果，具有浓厚的个性色彩，适合于那些独具品位的房间。

古典油画 房间内挂上古典油

画，这种欧式风格的家庭装潢可显示出居室的精致庄重和贵族风格。

现代油画　居室内若挂上现代油画作装饰，可体现出个性和反叛的现代人精神，追求其内在的价值观。

黑白摄影画　可以显示自己独特的喜好。这种画可以追忆巨星的风采，或是怀旧的乡村小景，可产生让时光倒流之感。

四、小小窗帘作用大

窗帘选用三原则

对比　包括新旧、深浅、粗细对比等等。把两个明显对立的元素放在同一空间中，经过设计，使其既对立又谐调，既矛盾又统一，在强烈反差中获得鲜明对比，求得互补和满足的效果，这是窗帘设计的基本原则。

和谐　和谐是在满足功能要求的前提下，使各种室内物体的形、色、光、质等

家居窗帘要对称

组合相协调，成为一个非常和谐统一的整体。和谐还可分为环境及造型的和谐、材料质感的和谐、色调的和谐、风格样式的和谐等等。和谐能使人们在视觉上、心理上获得宁静、平和的满足，这也是窗帘布置最重要的原则。

温馨的环保家居大全

　　对称　对称是形式美的传统技法，一般分为绝对对称和相对对称。上下、左右对称，为相对对称；同形、同色、同质对称为绝对对称。而在室内设计中多半采用的是相对对称，该对称能让人感受庄重、整齐之美。

定做窗帘把好三道关

　　保洁前装帘杆或轨道　应选择在装修完成后做保洁前装帘杆或轨道，因为安装帘杆与轨道需在墙面打眼儿，保洁前钻眼儿可保证居室的整体清洁。而窗帘则可以在入住时再挂，以便与居室墙壁、家具饰品进行颜色、风格上的搭配。地板、吊顶确定以后，才能精确测算出哪里装杆最美观、落地窗(纱)的准确高度是多少，"合体"才是最美观的。最后可根据确定好的居室功能选择适宜的帘种，如布窗、百叶窗、卷窗等等。

　　窗帘定制有规格　目前市场上主要有定宽与定高两种规格。定高规

窗帘

格有2.8米、2.6米、2.1米三种，是根据窗户的高度来买宽的，比较适合于大而高的窗户，如观景窗、大阳台窗等。其中，2.8米定高的布料顾客选择比较多。定宽规格有1.1米、1.5米、2米等，是幅宽一定买高的布料，适宜窄小、高度不定的小窗，如短窗、半截窗。其中，1.5米幅宽的布料居多，可根据自家窗户的实际尺寸来选择定宽或定高布，以避免布料在裁减加工环节的浪费。

了解用量与价格　定做完成的窗帘产品一定要与样品的颜色、质地、密织度相符，观察外表、质地、对比货号等都是不错的办法。另外，辅料包括布带、花边、绑带等，基本也是以米为单位计算的。

窗帘如何选色

相似色　在配色板上，相邻的两种或三种都是相似色，容易协调，显得明快。选择相似色时，织物应有一种颜色处于支配地位，要尽可能多用它。

互补色　反差较大的两种色彩使人不太舒服，最好为互补色，一种颜色处于支配地位，另一种颜色则浅得多或深得多。

分裂互补色　一种颜色和与其对立色相邻的颜色搭配，漂亮又有活力，如红色与黄色、粉色与蓝色，淡绿色与淡黄色。

混合色　混合色是最适合窗帘的色彩。窗帘是最富变化的，通常窗帘在阳光下显得颜色浅，而天黑后颜色显深。混合色在这中间会做出极好的协调。

巧用窗帘掩饰房间的缺点

竖条图案的窗饰使房间"增高"　在层高不够的情况下，房间面积过大，或是做了吊顶，都会给人一种压迫感。最简单的做法，就是选择色彩强烈的竖条图案的窗帘，而且尽量不做帘头。采用素色窗帘，显得简单明快，能够减少压抑感。此外，可以使用升降帘。

浅色具有光泽的面料让楼层朝向不好的房间变亮　要以浅色为主，

图案应是小巧型的。最好采用具有光泽的反光材料的布艺来装饰墙壁。

巧妙的用窗帘掩饰房间的缺点

浅色、冷色布料使小房间显得宽敞

房间小，可以选择浅色、冷色调的窗帘来装饰，因为浅色、冷色能够创造一种宽敞、雅致的视觉效果。若是配上素净、小型的图案，效果也不错。

窗帘让狭长的房间"短一些"

横向直线图案的房间过窄过长，选择横向直线图案的窗帘能让房间"增肥"。另外，可以在狭长房间的两端安装带有醒目图案的布艺，一端是具有实用功能的窗帘，另一端则是装饰帘，这样前后呼应，也能产生缩短距离的效果。

平面窗饰功能多

平面窗饰是指与窗户大小一样，不再加绉里及水波的窗饰。

平面窗饰功能更多，更能体现"人性化"。如风琴帘独特的蜂窝状中空构造可让空气停留在蜂孔中，加上铝箔内衬，可达到很好的遮光、隔热、遮挡紫外线的效果。超宽、超大、过高的窗还可以使用带遥控装置的电动风琴帘，不但有自动安全停止功能，还具有记忆停止功能，能预先设定窗帘每次停下的高度。而铝合金百叶帘不但有独特的防尘防护功能，其烤漆表面还具有高附着力及耐腐蚀性能。

多样的平面窗饰适合不同的功能空间。如果装饰书房或客厅，木帘是自然闲适风格的首选。垂直帘有时尚的涂层处理、颜色和材质，适宜凝重大方的书房、客厅。若用于传统的起居室，百褶帘添加带流苏缨绶的布料，或半透明遮光帘都能达到预想的效果。此外。图案多样的卷帘适用于儿童房、洗手间和浴室以及多窗的客厅等。

平面窗饰还可与传统布幔搭配，营造浪漫典雅的室内氛围。

蝴蝶兰窗帘扣

用窗帘插花扮靓家居

蝴蝶兰窗帘扣：淡雅柔和。

淡雅柔美的蝴蝶兰，特别适合做纱帘的窗帘扣，与纱帘轻盈飘逸的质感和若隐若现的视觉效果完美搭配。将蝴蝶兰缠绕在窗帘扣上，将窗帘扣隐藏在花朵的后面，用白色、粉红色丰润而娇嫩的花瓣，营造出淡雅、柔和的视觉效果。

制作方法：用蝴蝶兰顺时针方向缠绕在原来的窗帘扣上即可。注意蝴蝶兰多为白色或者桃红色，而且表达的是一种幸福的甜蜜感，所以选择的窗帘应该素雅柔和，甜美的糖果色是不错的选择。

艾丽丝窗帘插花：别致美好。

对于比较贵气的窗帘来说，用紫色的艾丽丝花插在窗帘扣上，既可以与高贵的窗帘完美搭配，又能表现生活中的美好心绪。在被束起的窗帘上，插上几朵艾丽丝，紫色花朵与金色的窗帘扣围拢，低调奢华的美感，让略显程式化的窗帘有了鲜活的表情。

制作方法：直接将艾丽丝插入被束起的窗帘褶皱中，可以随意插放，没有太多讲究。注意艾丽丝表达的是爱的过去式，有微微伤感的元素，所以忌讳与艳丽华贵色彩的窗帘搭配。

 五、画龙点睛般的家居饰品

温馨的环保家居大全

居室巧置工艺品

家居里的玻璃饰品

室内配置工艺品，要注意下列事项：

1.要根据房间大小，尽量做到少而精，不要随意堆砌工艺品，以免显得杂乱无章。

2.要注意艺术效果。在组合柜中，可有意放个画盘，以打破矩形格子的单调感；在平直方整的茶几上，可放一精美花瓶，根据季节插放鲜花，以丰富整体形象。

3.要注意质地对比。如在大理石板上放绒制的小动物，能突出工艺品的地位。若将玻璃器皿放在玻璃板上，就会损坏器皿美。

4.要注意工艺器皿与整个环境的色彩搭配。小艺术品不妨艳丽些，大工艺器则要注意与居室家具、地板、墙壁等色调的协调。

5.工艺品的陈设要注意视觉效果。色彩显眼的宜放在深色家具上。美丽的卵石、典雅的贝雕，可装在浅盆里放置于低矮处。为便于观全貌，可将艺术品集中于一个角落，再配上柔和的灯光，这样可使家居产生特殊的艺术氛围和引人注目的效果。

陶瓷饰家"四巧"

1.巧选艺术造型。一般家庭摆放最多的陶制品就是陶瓷花瓶的变形体。这种陶制摆件沿袭了花瓶放东西的特点，但在瓶体造型上却有了很大的改变，能够直接摆在家中，也可以插些装饰品。

2.巧选摆放位置。很多既适合现代家装风格，又适合古典家装风格的陶制摆件可供选择，一般摆放的位置不必太明显，可以放在玄关、墙与墙的拐角处、客厅的茶几上。

3.巧妙搭配色彩。有很多陶制工艺品的颜色都很鲜艳，造型也很丰富，在选择上尽管没有太多的要求，但是也要注意陶制品与室内颜色的搭配。

4.巧用青花瓷器。青花是一种白底蓝花的瓷器，是在成型的瓷坯上用青药料描绘各种图案花纹并烧制而成的。其实，用青花瓷器茶具装点现代家装也是个省力讨巧的方法。

藤铁组合

家居铁艺搭配技巧

家居设计中，沉稳的中式设计比较大气。但是在这种大气里，墙角、观景凉台、门廊等面积相对狭小的细节空间很难与整体达成统一。这时，藤铁卧榻或者铁艺与雕花玻璃镶嵌而成的玄关，就有了用武之地。

目前流行的藤铁组合，大多经过特殊染色处理，颜色有绿色、白色及蓝色等，感觉上沉稳又不失活泼。藤铁家具的摆放主要是掌握好色彩与居室环境的关系。当空间色调为深色时，选购的藤铁家具要倾向咖啡色或深褐色，坐垫或桌布的颜色则应挑选色系相近但不要太深沉的颜色。浅色的居家空间，则可选用中性色或其他颜色的藤铁制品，搭配色泽明亮的坐垫或布饰品。

温
馨
的
环
保
家
居
大
全

家居巧用吉祥物

1.名人字画。摆设名人字画一定要选择一些有生气的、欢乐而且适合自己身份的才可以悬挂。悲伤的字句或肃杀的图画就不宜悬挂了。

2.装饰品。牛角适合竞争性强的行业，兽头、龟壳、巨型折扇等含有戾气的装饰品，并非每个家庭都适合，要加以注意。

3.刀剑。把刀剑作为收藏品陈列时，要注意刀剑最好是未开刃的，否则容易招惹血光之灾。若是已经开刃的，则一定要放在鞘中或锦盒内，切不可露出刀刃来。

4.佛像。有些人家喜摆佛像，主要是辟邪，如事业不成功、精神不振、食欲欠佳等，摆放了佛像，有佛保佑，心理上有了寄托，容易取得好的效果。当然，也可摆放福禄寿三星，增添吉祥之气。但必须保持清洁，切不可任其尘封，否则给人以败落的感觉。

可供选择的家居饰品

1.布艺。布艺饰品可以柔化家居空间生硬的线条，使家居显得更加温馨。布艺饰品包括壁布、窗帘、靠垫、台布等。

2.藤艺。藤艺家具原料来自大自然，身居其中可感到自然的田园氛围。藤艺家具包括藤椅、藤沙发和藤屏风等。

3.铁艺。铁艺饰品在家居中一般用在椅子、花架、鞋柜、杂品柜、暖气罩、楼梯扶手等饰物上，铁艺饰品的装饰可打破传统单调的平面布局。

4.石头。石头饰品成为精致和名贵等流行语的代名词。最常见的天然石有水晶、玛瑙、芙蓉石和绿松石等。

5.玻璃。将乳白色、紫红色和金黄色等颜色的玻璃饰品装饰于家中，可显示出不同的风格和气氛。

6.干花。干花饰品经过脱水、干燥、染色和熏香等工艺处理后，

石头饰品

既保持了鲜花自然美观的形态，又洋溢着大自然的气息。

7.草编。以优质草为原料的草毯既可铺于地面，又可挂在墙上，可点缀和装饰家居，并带有一种回归自然的风格。

8.壁挂。体现异域风情的各种壁挂也越来越多地出现在墙壁、门体、书柜和多宝格上。

9.十字绣。十字绣饰品始于欧洲宫廷。十字绣饰品有上千种图案可供选择，并可绣在窗帘、台布、背包、沙发垫和手机套上。或者将绣片镶框做成装饰画，别具风韵。

10.陶瓷瓶。陶瓷瓶颇具艺术韵味。据介绍，三件套包括瓶、碟、罐，是人们最喜欢购买的样式。而蓝金色花瓶也是消费者最喜欢的颜色和风格。

11.装饰钟。装饰时钟兼有计时和装饰双重功能。现在的装饰钟造型大胆，充满想象力，从材料到外形都不拘一格，而且价格相当便宜。脸谱挂钟也是最受欢迎的一款。

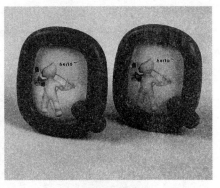

12.玩具木偶。玩具木偶放在家中是极具生活气息的装饰品，木偶的模样直接反映主人的性格和爱好。

温馨的小相架

13.烛台。烛台是最丰俭由人的装饰物，又是极受欢迎的客厅饰品。从上千元的大型古典银烛台到几元钱的玻璃烛台，都有喜欢的人。现在的烛台设计更注重情调和色彩，价格又低廉，方便经常换新口味。

14.相架。彩色的、轻松的、简单朴素的小相架，是现在人们最乐意消费的装饰品，从几元到几十元，只要喜欢就买，一点也不用伤脑筋。

15.酒架。虽然不是每个人都喜欢喝酒，但几乎每个家庭都喜欢搞一个酒柜，然后摆上一些酒和酒具。现时，比较受欢迎的是那些金色的、古铜色的钢丝酒架,黑色的已显得过时了。

 六、家具摆放有学问

科学摆放家具

1.猛烈的阳光会令沙发表面褪色，直接影响沙发的耐用性。因此，沙发应在距离阳台稍远或不近阳台的位置。

2.摆放影音器材的位置也要远离窗户，原因有两个：一是由于电视机的荧光屏被光线照射时，会产生反光的效果，令人欣赏电视节目时眼睛不舒服。二来靠近窗户会沾染尘埃，下雨时，雨水更可能溅到器材上，影响其操作，甚至发生漏电的现象。

3.市场上的灯饰大多以吊灯为主，使用必须得当。如房子太低，就要留意吊灯的高度，太低会妨碍走动。吊灯安装在中间位置，光线会更平均。至于吊灯的高度，最理想的高度为距桌面大约50～60厘米处，太高会令人感到耀目，太低又会撞到头。

4.写字桌的桌面应低于肘部以方便活动。吊柜顶部与地面的距离最好不要超过2米，艺术柜如有两层，第一层最好以平视能看到里面放置的物件为理想高度，第二层则以手举高即可拿取东西为佳。

合理摆放影音器材

如何摆出新感觉

餐车为小餐桌减压　若餐桌面积小，但又不想换一张新的，那就增添一把餐车，它能为小餐桌减压。因为方便移动，平时还能用作茶几、床边几。

床前榻的多功能　在床尾处安置一张床前榻，可用来摆放衣物、书和茶杯等物品。除了有专用的床前榻外，坐墩、长条凳、美人榻都能当做床前榻使用。

给两人一个交流的空间　在窗台前摆放两张单人沙发或椅子，给自己一个与亲朋交流的空间，假日里两人品品茶、聊聊天。

樟木家具别放卧室

樟木木质坚韧，气味芳香，制成衣橱等可防蛀、防毒和杀菌。但若把它长期放在卧室里，则对身体健康不利。

樟木除了含有樟脑外，还含有烷烃类、酚类、烯类和樟醚等有机成分，它们对人体均有不同程度的毒副作用。当它制成家具后，摆放在不通风的卧室里，其散发出的芳香气味，可通过呼吸、黏膜、皮下等途径进入体

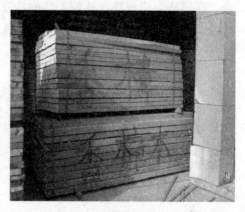

樟木

内，导致慢性中毒，引发头晕、浑身无力、腿软、食欲减退、咽干口渴、喉咙发痒、咳嗽、失眠多梦等。

此外，樟脑还有活血化淤、抗早孕的作用，孕妇若长期与樟木家具接触，较易流产；婴幼儿若长期受到樟木气味的刺激，亦会出现不良反应。因此，家中若有樟木家具，切忌放在不通风的卧室里。

让空间来选择沙发

居室面积45平方米以下　小户型通常是以一居室和两居室为主，沙发的选择上应该以小巧玲珑为主，分体且可以移动的沙发家具是比较重要的，其次要注意靠背的高低，过高的沙发靠背会让小居室看起来更加拥挤，并且有杂乱的空间感觉。

居室面积95平方米以下 此类户型，通常客厅的面积会宽阔一些，所以对于一些手头比较宽裕的人来说，可以去选择一些体积稍大的沙发，二人或三人的沙发完全可以满足。尺寸过长的沙发还是不要选择，毕竟它颀长的身躯对于这个客厅来说确实有些不相称。

居室面积100平方米以上 面对100多平方米的房间或者大面积房子来说，如何去购买沙发似乎就有点难度了，单件的沙发摆在几十平方米的客厅里明显不够大气，摆多了又有点像沙发展示厅了，其实这并不是很难，在风格上应该选择比较大气的沙发，所谓的大气就是尺码比较大，并且设计经典，这样就可以轻而易举地融入这个大的环境中。

用茶几点缀不同家居风格

1.玻璃茶几变幻空间。玻璃茶几具有明澈、清新的透明质感，经过光影的通透，能够让空间变大，更有朝气。

特色搭配：与玻璃茶几相配的沙发有很多种，而雕花玻璃和铁艺结合的茶几则更适合古典风格的空间。与宽大的美式休闲沙发相配也不错。

2.木质茶几温暖客厅。木质茶几能给人带来温暖、平和的感觉。而红木茶几、木质雕花或拼花的茶几，

木质茶几

则高贵富丽，更适合营造欧式古典或者中式古典氛围。

特色搭配：简约的原木茶几适合浅淡色泽的真皮沙发或布艺沙发。而纯红木的茶几，应搭配明清式桌椅。

3.石质茶几自然而大气。石质的茶几主要突出其纹理，在石头上自然生成的花纹，能够让人感受到一种气魄和自然美。

特色搭配：大理石制造的茶几适合摆放在空间很大的客厅中，与奢华的真皮沙发或者极具质感的红木家具搭配。

第二章

低碳家居环境九不宜

一、室内外温差不宜过大

　　现代居室，冬天有暖气，夏天开空调，往往造成室内外温差过大。专家指出，温度与人体的健康密切相关。室内外温差不宜过大，室内温度一般在25℃左右。建设部《空调通风系统运行管理规范》规定，夏天室内温度不得低于25℃，大堂、过厅与室外的温差则应控制在10℃以内。专家指出，对人体影响的环境因素中，以温度、湿度、风和辐射等气象因子的影响最为直接和显著。人体是精密的系统，有许多自发调节功能，为了维持37℃的正常体温。人体新陈代谢产生的热能必须向外散发，当环境温度过高，这些热能就不能顺利散发出来，人就会感到难受；但当温度太低时，这种热能散发又太快，人便觉得寒冷。湿的因素也很重要，夏天人体要依靠汗液的蒸发来排出热能，当空气湿度高时，汗液蒸发速度很慢，人就有一种黏糊糊的感觉，很不舒服；当空气湿度较低时，汗液蒸发速度较快，即使天热一点，人也感觉很爽快。当环境条件为温度25℃左右，相对湿度50%时，人体处于比较理想的平衡状态。

　　为了图凉快，很多家庭和写字楼把空调温度设得很低，如此一来容易

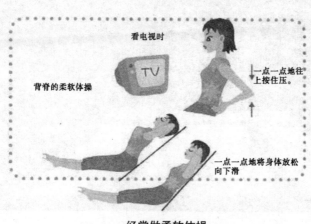

看电视时

背脊的柔软体操

TV

一点一点地往上按住压。

一点一点地将身体放松向下滑

经常做柔软体操

温
馨
的
环
保
家
居
大
全

导致空调病，出现肩膀发硬、头痛、腰痛、关节痛、腹泻、便秘、困倦、脚水肿、喉咙发干、烦躁不安、失眠等症状，还会导致女性痛经。这些是由于自主神经失调，造成末梢血液循环不良而引起的，高一点的温度有利于人体更好地自我调节。另外，如果室内外温差过大，人在骤冷骤热环境下，容易伤风感冒。同时，不要坐在空调风直吹的位置，应尽量穿绢、棉等吸汗保暖的衣服，有条件的常做柔软体操，促进血液循环，多开窗保持空气新鲜。

有暖气或使用取暖器的家庭必须注意居室的湿度。最好有一只湿度计，如相对湿度低了，可以采取一些简便有效的措施，比如睡前多喝开水；在室内晾一些潮湿的衣服、毛巾等；在地面洒水或放一盆水在室内；使用空气加湿器或负氧离子发生器等，增加空气中的水分含量，增强人体的舒适度，从而避免呼吸道疾病的发生或减轻其症状。需要提醒的是，使用加湿器并不是对所有人都合适，这存在一个适应问题。高龄或患有慢性病而且不爱出门的人，相对来说适宜使用加湿器，而经常出门的人使用加湿器要有适应过程，否则会因为室内外湿度反差太大，引起呼吸道疾病。

室内要通风向阳

日常生活中一定要注意补充水分，每天饮用1000～2000毫升水可基本满足人体对水分的需求。饮水方式应该是分多次饮水，每次适量。另外，还可以靠多喝牛奶和汤来补充水分和营养；多吃水果也是很不错的选择，如苹果、柚子、橘子等都可以既补充水分又补充维生素等，对防止嘴唇干裂、皮肤干燥都很有好处。

二、阳台不宜改为厨房

　　现在城市有的家庭由于居室小，人居拥挤，常常想方设法把厨房挪到阳台上，这样做不是很妥当，有可能造成燃气泄漏的危险。阳台改为厨房，虽然可以避免油烟在室内弥散，也能因此增大厨房的使用面积。但是，灶具放到阳台上弊大于利，容易出现安全隐患。一般来说，楼房内原先安装的管线常是由燃气公司负责施工的，采用的是金属管线和专用的密

严重的火灾事故

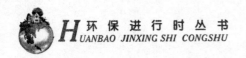
封材料，并且进行过加压试验，可以确保不发生漏气危险，因此当房主把阳台改造为"厨房"后，改变了燃气管道的设计，更有不少人采用塑料管作为连接灶具的燃气管线，这样非常容易因管线老化造成漏气。此外，由于冬季阳台气温低，很容易冻裂管线，引发安全事故。据调查，在2005年，仅沈阳市就因住户私改管线引发火灾50余起。

在春夏多风季节，有些主妇做饭时习惯把窗户打开通风，尤其在使用小火时，一阵风吹来很容易把火吹灭，造成燃气泄漏，轻则导致室内一氧化碳浓度升高，重则会遇明火而引发爆炸。

许多新建小区的厨房都设计有烟道，用来连接换气扇和抽油烟机的排烟口，油烟可以顺着烟道集中排到户外。而一旦灶具被挪到阳台，住户不得不把抽油烟机的烟囱伸到户外，从而污染小区空气环境。

此外，还有些房主把燃气热水器也装到了阳台上，以避免人在浴室洗澡时引发煤气中毒。然而，某一年北京的一场大雪冻裂了很多住户的热水器水箱，不但给居民造成了经济损失，也容易发生煤气泄漏，危及人身安全。可见把厨房改在阳台，不仅不能减少室内污染，反而会出现安全事故，造成生命财产损失，得不偿失。

三、有毒花木不宜摆放在室内

现在生活好了，住房条件改善了，生活情趣也浓了，很多人在家打扮居室，养花接木。可是，科学家们提醒大家，有些色彩斑斓的花木可能是癌症的"帮凶"，很多花木是不能移入室内的。

在病毒病控制所公布的52种有毒花木中，大多数为园林和中草药苗圃中的植物，其中可能出现在普通百姓家中的植物主要是铁海棠(刺儿梅)、变叶木、鸢尾、乌桕、红背桂花、油桐、金果榄，有些人家中可能还有曼陀罗等少见品种。

诱发癌症的因素很多，就鼻咽癌来说，遗传因素是基础，EB病毒在

红背桂花

鼻咽癌的发病中起着重要作用，而环境中的EB病毒诱导物、促癌物和致癌物只起协同作用。"对于不清楚自己是否有鼻咽癌遗传基因的市民来说，最好不要在家里种植这些植物，以免引发疾病"。在一些花卉市场，很容易找到铁海棠、变叶木、金果榄等植物。由于它们造型别致、颜色鲜亮、价格适中，购买的人很多。越是漂亮和鲜艳的植物，越有可能是带毒的植物。专家指出，促癌植物种类很多，如石粟、变叶木、细叶变叶木、蜂腰榕、石山巴豆、毛果巴豆、巴豆、麒麟冠、猫眼草、泽漆、甘遂、续随子、高山积雪、铁海棠、千根草、红背桂花、鸡尾木、多裂麻风树、红雀珊瑚、山乌桕、乌桕、圆叶乌桕、油桐、木油桐、火殃勒、芫花、结香、狼毒、黄芫花、了哥王、土沉香、细轴芫花、苏木、广金钱草、红芽大戟、猪殃殃、黄毛豆腐柴、假连翘、射干、鸢尾、银粉背蕨、黄花铁线莲、金果榄、曼陀罗、三梭、红凤仙花、剪刀股、坚荚树、阔叶猕猴桃、海南蒌、苦杏仁、怀牛膝等。

当然，室内和窗台上也要养一些花草，以调节空气，同时也可防止噪声，尤其临街的窗台更应如此。

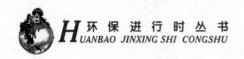

四、居室内不宜大面积贴瓷砖

瓷砖既美观，又便于清洁，是许多家庭装修居室的首选，但似乎很少有人知道这些由天然原料制作的瓷砖却有辐射作用。不久前，国家工商总局曾公布市场瓷质砖的放射性剂量水平的监测结果，10%以上的产品辐射超标。因为在瓷砖的制作工艺中，为了增加其表面的光洁度，便于清洗去污，并避免侵蚀，厂家在表面涂了一层"釉料"（所以瓷砖也称釉面砖），这是一种陶瓷色料，其中加入了锆英砂，其天然放射性核素的含量一般都比较高。据了解，我国建筑陶瓷行业使用的大都是国产锆英砂，其γ放射性的活度超过我国现行标准《放射卫生防护基本标准》对"放射性物质"的定义值。

专家普遍认为，瓷砖辐射与石材辐射没有本质不同。研究表明，瓷砖对消费者的辐射途径，一是来自原材料的γ、β线照射，二是来自氡元素对人体的照射。另外，超过使用寿命或人为损坏后的瓷砖脱落的釉面料尘，被人体吸入后，更会危及健康。在所有瓷砖中，抛光砖中超白砖的辐射更强，彩釉砖表面放射性元素氡的析出率比普通砖要高。在发达国家，瓷砖一般仅用于厨房、卫生间、洗衣间的装饰。但在我国，瓷砖普遍用于客厅、卧室，甚至办公室的装饰。人们接触时间较长，更容易造成室内放射性物质的污染，从而对人体健康造成危害。

专家建议，消费者购买瓷砖时要注意以下几点：到正规建材市场购买品牌产品；向经销商索要产品放射性检测报告，注意观察检测结果类别(A最好，B居中，C最差)；为了防止室内放射性物质含量过高，最好在装修完入住前，请专业部门进行放射线检测；装修时，合理搭配使用装饰材料，最好不要在居室里大面积使用瓷砖，减少室内辐射污染。此外，摆家庭影院的居室也不宜铺瓷砖，不仅不利于噪声吸收，而且也损害人体健康。

🌍 五、室内不宜常用空气净化器

空气污染是室内主要污染源，有些家居主人为了净化室内空气，常常在室内装上空气净化器，殊不知净化器反而造成室内新的污染。

近年来，室内污染问题备受关注，使得空气净化装置广受欢迎。厂家一般宣称其具有滤去尘埃、消除异味及有害气体等功能，并且其化学反应只会产生诸如二氧化碳、臭氧、水等对健康无害的副产品，而美国环保总署在一份报告中称："事实上，商家的宣传是在误导消费者，是一种不负责任的行为。"

专家指出，离子空气净化器的工作原理是先使空气污染颗粒带上电荷，再将它们吸附到金属电极上，在这一被称为"电离作用"的过程中，空气净化器会将臭氧作为副产品排出，特别是在通风不畅的小房间里，臭氧数量更会急剧增加。另据美国《空气和废物管理协会杂志》介绍，臭氧在大气层上部时，能起到阻挡紫外线、保护地球生物的作用；但在接近地面的地方，它却是一种危险的污染物，会伤害人的肺部，导致呼吸短促、咽喉发炎、哮喘病发作等。专家指出，治理室内污染不能完全依

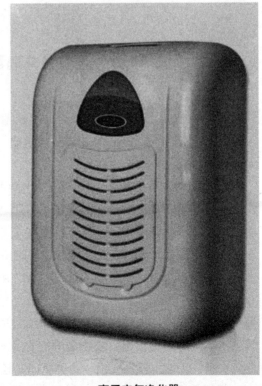

离子空气净化器

环保进行时丛书
HUANBAO JINXING SHI CONGSHU

温馨的环保家居大全

靠空气净化设备，还是要从家中的污染源抓起，在装修、购置新家具时，就应该把其中的污染物含量控制到最低，并做到勤开窗通风。

除了居住在海边的人，内陆的家庭认为加湿器比空调还要有用。因为衡量空气舒适度有两个重要指标——空气质量和湿度，这两方面会影响人的生理健康，特别会对呼吸系统有影响。人类生存的最佳湿度应是45%左右。但市场上喷雾型的加湿器，对室内湿度调节作用并不大，因为喷雾型的加湿器只是给人造成一种空间中增加了水汽的意象，也许你还能感觉到水滴落在皮肤上。事实上只有水在空气中形成饱和状态，才是对人体有利的，肉眼能看得见的喷成雾状的水，在空气中恰恰是不饱和的。所以，用喷雾型加湿器不如床边放盆水，因为自然挥发的水在空气中是饱和状态的。

六、洗衣粉与消毒液不宜混用

许多家庭主妇在洗衣服时，为了除菌，都习惯加点消毒液，有些人干脆把洗衣粉和消毒液同时放进洗衣机里。其实，这样不但起不到杀菌效果，还会对人的健康造成危害。

常用的消毒液比如滴露等，溶于水后可杀灭细菌繁殖体和某些亲脂性病毒，比起以前的来苏水或过氧乙酸等消毒剂，作用温和，对皮肤的刺激小。但它属于含氯的酚类消毒剂，过量或不正确使用同样会有危险。而洗衣粉多含有表面活性剂，如果将洗衣粉和消毒液混用，会导致氯气产生，当氯气浓度过高时，会刺激人的眼、鼻、喉等器官，严重时还会损伤人的心肺组织，甚至危及生命。也不能将衣物柔顺剂与洗衣粉一起用。柔顺剂虽然能令衣服变得柔软，不起静电，而且闻起来也更清新。但加拿大《自然生活》杂志撰文指出，衣物柔顺剂含有多种有毒化学成分，长期使用会造成头晕、头痛、器官受损，更严重时，还可能损伤中枢神经系统。

根据美国环境保护署和化学品安全说明书的数据显示，衣物柔顺剂中

氯仿

含有多种危险化学成分，包括乙酸苄酯、苯甲醇、柠檬烯、沉香醇、氯仿等。乙酸苄酯可能导致胰腺癌，其气体可刺激眼睛和呼吸道，引起咳嗽，并能透过皮肤吸收；苯甲醇可刺激上呼吸道，造成中枢神经系统紊乱，并引起头痛、恶心、呕吐和血压下降等症状；柠檬烯是一种已知的致癌物，刺激眼睛和皮肤；沉香醇有麻醉作用，能造成中枢神经系统失调及呼吸不畅，在动物试验中，甚至能导致试验对象死亡；氯仿是一种毒害神经的麻醉性、致癌性物质，已被美国环境保护署列入危险废物名单。《自然生活》指出，大部分此类化学成分在烘干机里加热时危险性更大。由于柔顺剂会残留在衣物中，致使这些化学成分慢慢释放出来，渗入皮肤或进入空气。更糟的是，大部分衣物柔顺剂中都添加了香味以掩盖化学气味。

对于儿童、老年人和病人来说，长期接触这些化学成分尤其危险，甚至会造成永久性损伤。儿童可能会起皮疹、长时间哭闹或腹泻。有些研究者甚至指出，有部分婴儿猝死案例是由于变态反应引发的，而用衣物柔顺剂洗涤的儿童衣服和被褥很可能是引发过敏的原因之一。因此，《自然生活》建议，最好少用衣物柔顺剂，如果想衣物柔顺，不妨试试以下几种方法，它们不仅不会危害健康、污染环境，还更经济。①向洗衣机中倒入1/4杯小苏打，可以软化衣物。②倒入1/4杯白醋，也可以软化衣服(但不要同时使用漂白剂)。③将衣物搭在晾衣绳上，以消除静电。④将一小片铝箔与衣物一起放进烘干机，能避免产生静电。⑤较柔软的衣服，少用洗衣粉。⑥安装软水器。⑦如果一定要使用衣物柔顺剂，尽量选择含有天然成分的。

七、冰箱食物不宜久存

　　细菌是非常耐低温的。寒冷只能使它的代谢活动减弱或接近于停止，然而，这时的细菌并没有死亡，一旦有了它适合的生存条件，它还是会卷土重来进行旺盛的生命活动，产生各种毒素，对人的身体造成危害。所以，受到病菌污染的食品，即使在冰箱里结冻，细菌并没有死亡，对人体仍然具有危险性。因此，使用冰箱时，应该将冰箱内的生熟食物分开，熟食需要加热后再食用。另外，冰箱保存食物也有一定的期限，时间太久了也会变质。

　　专家指出，食物久放冰箱中有以下害处：

　　滋生细菌　在低温环境中，食物本身的代谢也只是放缓，并未停止。多数细菌并不会因低温而死亡，相反许多微生物很容易在低温下生长繁殖。同时，冰箱内湿度较大，不利于食品保鲜。

　　偷窃营养　冰箱是窃取食物营养的"黑手"，特别是那些富含维生素的蔬果菜肴。有研究证实，在4℃的冰箱中储藏24小时会令黄瓜的维生素C含量下降30%。

冰箱保存食物

　　破坏美味　冰箱是美味杀手。新鲜诱人的香蕉与荔枝，还有风味别致的豆酱、火腿、肉罐头，经过冰箱储存往往颜色尽失、味道不鲜，搞得不好还会吸附一些异味。

　　冰箱疾病　直接吃来自冰箱的食物会导致胃内黏膜血管急剧收缩、痉挛而引发胃部不适，甚至导致胃病，而那些在低温环境下滋生的微生物可以导致急性肠炎，甚至痢疾，耶尔森菌肠炎就叫"冰箱肠炎"。此细菌能够在-40℃低温中生存繁衍，冰箱正好是它们的乐园。

藏污纳垢　不论生熟、不分种类，各种食物以及食物自身分解产生的有害化学物质，如茶叶、咖啡、烟草、化妆品，甚至胶卷都在冰箱中汇聚，裹挟着各种气味，产生千千万万个细菌、真菌，冰箱逐渐成为藏污纳垢之所。

制造毒物　许多人喜欢大采购，将1周内准备食用的蔬菜购好后在冰箱存放。这种做法非常危险，蔬菜中原本含有的硝酸盐，在硝酸还原酶的作用下会形成亚硝酸盐，人吃过的剩菜受到细菌和唾液中酶的污染，亚硝酸盐形成的速度更快。

由此可见，冰箱里食物不能长期保存，以防变质和污染，对人体健康不利。

八、装修的新居不宜急住

在家庭装修工程完工后，许多消费者都希望尽快喜迁新居，但据室内环境检测部门检测，新装修好的居室内空气污染严重，有碍身体健康。因此，不宜急入新居，在新居入住前应注意通风排污。家庭装修过程中需要使用各类装饰材料，如板材、石材或油漆、黏结剂等，特别是化学合成材料中所含有的物质在室内挥发后形成刺鼻气味，一些残留在板材或未参与反应的甲醛会逐渐释放造成室内空气污染。除胶粘剂释放甲醛外，含有甲醛成分的装饰材料也会向室内散发有害气体，如预制板、涂料、墙布、墙纸、化纤地毯、泡沫塑料及油漆等。

影响室内空气中甲醛浓度高低的主要因素是：室内空气温度、相对湿度；室内通风量(即室内空气与室外新鲜空气换气次数)；室内建材的装载度(即每立方米室内空间甲醛释放的表面积)等。刚装修的新房甲醛浓度都

很高，对人的身心非常有害。装修好的居室应通风散味，做好空气净化工作，一般需要5～10天，亦可根据室内空气质量情况适当延长。若室内使用含有苯、甲醛及酚等物质的涂料时，通风晾置时间需要1个月左右，但涂刷乳胶漆的居室不宜过久晾置，否则装饰面易出现细小微裂。总之，刚装修的新房一定不能急着搬入，否则对家人的身心健康有害。

九、家有儿童不宜点蚊香

现在市场卖的蚊香合格率较低，一般都含有有毒物质，对人体特别是儿童健康有影响。2008年，北京市质量技术监督局曾公布了家用卫生杀虫产品的质量抽查结果，抽样合格率仅为42.9%。其中，专家指出，劣质蚊香很可能成为人们睡梦中的"杀手"。

目前市面上的灭蚊产品包括盘式蚊香、片型电蚊香、液体电蚊香和杀虫气雾剂等。其中，盘式蚊香、电蚊香的主要驱蚊成分为菊酯类，它是国家允许使用的一种低毒高效杀虫剂，在合理的比例之内，一般不会对人体造成伤害。但是，市场上销售的一些劣质蚊香，除了含有除虫菊酯外，还含有六六六粉、雄黄粉等，这些物质对人体具有毒性，并会在人体内蓄积。如果居室内通风不良，可能使人慢性中毒，产生鼻黏膜炎症、喉部不适、头晕、头痛等症状。

蚊香、气雾杀虫剂等都属于短效杀虫剂，需要每天使用，再加上使用时要紧闭门窗，很容易使人长期、过多吸入杀虫剂的气雾，造成人体肝脏、肾脏、神经系

劣质蚊香

统、造血系统的损伤，对儿童的危害尤其严重。

专家提醒消费者，不要购买未标明有效杀虫成分的蚊香及灭蚊片。这可通过点燃时散发的气味来分辨：只含除虫菊酯的蚊香，烟味清香而没有异味；含有六六六粉或雄黄粉的蚊香，则有一种呛人的气味。蚊香点燃后，人应立即离开一两个小时，待打开门窗、充分通风后再进入室内。由于婴幼儿大脑尚未发育完善，有婴幼儿的家庭应禁用蚊香，可改用物理防蚊方法，如装纱门、纱窗和吊蚊帐等。

带香味的日用品也要控制，不是越香越好。很多本来没有味道的生活用品，现在都芳香扑鼻。香气多了，是生活质量提高的表现，同时也埋下了新的健康隐患。香味越多、越浓，潜在危害也越来越大。

生活中大部分香味来自于香料、香精。中国香料香精化妆品工业协会的尤启辰工程师告诉记者，香料是配制香精的原料，一种香精往往是由几种乃至上百种香料所组成。最初使用的香料大多是纯天然物质，而如今所使用的大多是人工合成香

香料

料，天然提取的香料价格比较昂贵，人工合成的香料不仅香味强烈，而且价格便宜，但其中所含的成分也比较复杂。近几年来，由吸入或接触香精引发的过敏病症非常多，这种现象在冬天尤其明显。冬季一般室内环境密闭，有的香精产品中含有害化学成分，积聚在狭窄空间内，污染空气，人体吸入后，健康受到影响，对体质弱的人危害更明显。

由于香精的用料构成属于商业机密，所以各国执法部门并不要求生产厂家向消费者公布其中的具体化学成分，而是笼统地将这些化学成分称为"香精"。这样做虽保护了生产厂商的竞争利益，但却给消费者的

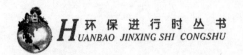
使用安全带来了不少隐患，也给因吸入、接触香精后过敏的患者带来治疗上的困难。

　　有几类人群不宜使用香精产品：过敏体质的人容易出现皮肤瘙痒、哮喘等变态反应；贫血、偏头痛、高血压患者可能会加重病情；体质不好、身体疲劳和新陈代谢不佳的人更应该少接触这类产品。

温馨的环保家居大全

第三章

共同打造绿色低碳家居

一、居室卫生的衡量标准

现代住宅五大卫生标准

日照 阳光可以杀死在室内空气中的致病微生物，给人一种新的活力，进一步提高机体的免疫能力。居室内每日日照2小时是维护人体健康和发育的最低需要。

采光 是指住宅内能得到的自然光线。窗户的有效光面积和房间地面面积之比不应小于1：5。

室内净高 根据"民用建筑设计定额"规定，居室净高不得低于2.8米。我国大部分地区居室净高为2.6米~2.8米，也是卫生学允许的。对居住者而言，适宜的净高给人以良好的空间感，净高过低使人感到压抑。

微小气候 冬天室温不应低于12℃，夏天室温不应高于30℃。相对湿度不应大于65%。风速在夏天不应小于0.15米／秒，冬天风速不应大于0.3米／秒。

空气清洁度 是指居室空气中某些有害气体代谢物质、飘尘和细菌总数不能超过一定的含量。这些有害气体主要有二氧化碳、二氧化硫、氨气、甲醛、挥发性苯等。

此外，住宅的卫生标准还包括照明、防潮、防止射线等方面的要求。

健康居室量化标准

根据世界卫生组织的定

温暖的阳光

义，"健康住宅"是指能够使居住者在身体上、精神上处于良好状态的住宅，具体标准有：

1.会引起过敏症的化学物质的浓度很低，没有使用易挥发化学物质的胶合板、墙体装修材料等。

2.设有良好的换气设备，能将室内污染物质排至室外，特别是对高气密性、高隔热性来说，必须采用具有风管的中央换气系统，进行定时换气。

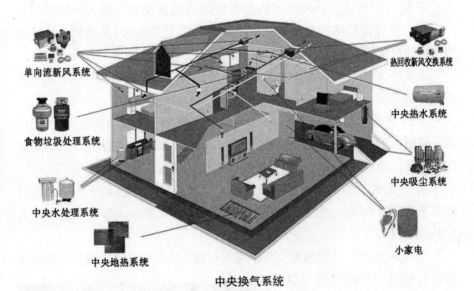

中央换气系统

3.厨房灶具或吸烟处设有局部排气设备。

4.起居室、卧室、厨房、厕所、走廊、浴室等全年保持在17℃～27℃之间。

5.室内的湿度全年保持在40%～70%之间。

6.二氧化碳要低于1000ppM。

7.悬浮粉尘浓度要低于0.15毫克／平方米。

8.居室噪声要小于50分贝。

9.一天的日照确保在3小时以上。

10.设有足够亮度的照明设备。

绿色室内环境四项标准

建设部和国家质检总局发布的《绿色建筑评价标准》，从采光、隔声、通风、室内空气质量4个方面对室内环境质量做了详细要求。

1.采光。每套住宅至少有1个居住空间满足日照标准的要求。当有4个及4个以上居住空间时，至少有2个居住空间满足日照标准的要求。卧室、起居室(厅)、书房、厨房设置外窗，房间的采光系数不低于现行国家标准规定。

2.隔声。对建筑围护结构采取有效的隔声、减噪措施。卧室、起居室的允许噪声级在关窗状态下白天不大于45分贝(A)，夜间不大于35分贝(A)。并对楼板、分户墙、户门和外窗的隔声效果做了量化规定。

3.通风。居住空间能自然通风。通风开口面积在夏热冬暖和夏热冬冷

良好的开窗视野

温
馨
的
环
保
家
居
大
全

地区不小于该房间地板面积的8%，在其他地区不小于5%。居住空间开窗具有良好的视野。住宅设有2个及2个以上卫生间时，至少有1个卫生间设有外窗。

在通风换气的同时保证节能，屋面、地面、外墙和外窗的内在及表面满足现行国家标准——《民用建筑热工设计规范》的规定。设采暖或空调系统(设备)的住宅，运行时用户可根据需要对室温进行调控。采用可调节外遮阳装置，防止夏季太阳辐射透过窗户玻璃直接进入室内。有条件的卧室、起居室(厅)使用蓄能、调湿或改善室内空气质量的功能材料。

4.室内空气质量。室内游离甲醛、苯、氨、氡等空气污染浓度符合现行国家标准——《民用建筑室内环境污染控制规范》的规定。

二、打造专属你的健康居室

怎样打造理想的室内环境

良好的室内环境可提高机体各系统的生理功能，增强抵抗力，降低患病率和死亡率。反之，低劣的室内环境对人形成一种恶性刺激，使健康水平下降，或使病情恶化。

居室结构　住宅组成和平面配置要适当。一般来说，每户住宅应有自己独立的成套房间，包括主室和辅室。主室为一个起居室和适当数目的卧室；辅室是主室以外的其他房间，包括厨房、厕所、浴室、储藏室以及过道、阳台等室外设施。主室应与其他房间充分隔开，以免相互影响，并且应直接采光。卧室应配置在最好的朝向中。

居室面积　要求宽敞适中。《吕氏春秋·重己》说："室大则多阴，台高则多阳。多阴则蹶，多阳则痿，此阴阳不适之患也。"即是说，居室不宜太高大，也不宜太低小，否则阴阳各有偏颇，会导致疾病的发生。现代卫生学要求，居室面积为15平方米左右，城市住房每人平均6~9平方米，农村8~12平方米为宜。居室净高为2.6~2.8米，炎热地区可稍偏高，寒冷地区可略低一些。

居室进深　是指开设窗户的外墙表面至对面墙壁内表面的距离，它与采光和换气有关。通常一侧有窗的房间，进深不宜超过从地面到窗上缘的2~2.5倍；两侧开窗时，进深可增加到这个高度的4~5倍。另外，居室进深与居室宽度之比不宜大于2∶1，最好是3∶2，以便于室内家具的布置。

营造居室绿色氧吧

为了改善居室的生活环境，很多人都把营造绿色氧吧纳入自己的生活计划。但怎样选择绿色植物，还确实有些讲究。

注意植物的呼吸方式　除了夏季，人们很少在夜间开窗睡觉。如果选择植物时不考虑植物的呼吸方式，就有可能影响居室内的空气质量，进而对睡眠产生不良影响。经测算，每千克植物在夜间进行暗呼吸，平时每小时吐出的二氧化碳为1毫克。假设一个居住面积为5平方米、高2.9米的房间，其空间为14.5立方米，那么，一株植物一夜(按8小时计算)吐出的二氧化碳，可使室内二氧化碳浓度上升0.028%。因此，要想营造居室绿色氧吧，除了要考虑绿色植物的株型、花色，还要考虑它们吸收吐出二氧化碳的方式。

以蝴蝶兰类植物为例　蝴蝶兰类植物原本生活在热带丛林。那里的相对湿度接近百分之百。因此，蝴蝶兰无须像嘉德利亚兰那样用假球茎来储存水和氧，而是靠多汁的叶片、短短的茎与发达的根系来储存水。由于热带雨林白天的气温很高，为了防止水分大量的蒸发散失，蝴蝶兰科植物就不能像其他植物那样，白天将位于叶背面的气孔打开，进行光合作用和气体交换，以防止植物体内的水分大量蒸发，导致植物软缩或枯萎，而是在白天关闭叶片背面的气孔，到了晚上，待周围环境气温降低到适当温度后，才开启叶片背面的气孔，排出氧气，吸收二氧化碳。

蝴蝶兰类植物

选种合适的植物　在光照条件下，植物水分的蒸发量只相当于其他条件下的1／10～1／4之间的这种生理现象，称之为菊景天酸循环代谢(简称CAM)。常见的具有CAM代谢方式的植物除了蝴蝶兰类植物，还有仙人掌科植物，如仙人球、仙人影、仙人指、蟹爪兰、令箭荷花等；凤梨科植物，如紫花凤梨、红掌丽穗凤梨、火炬凤梨、七彩菠萝等；龙舌兰科植物既是CAM植物，又能吸收电器辐射，如酒瓶兰、金边虎尾兰、金边短叶虎尾兰、棒叶虎尾兰等。

对于需要长时间在电脑周围工作的人来说，富贵竹是一款很好的选择。如果迁入新居或为房间做了装修，那么，养1～2盆吊兰，就能很快将室内的甲醛气体全部吸收，从而净化室内空气。

三、让居家环境静下来的秘诀

人们生活在一个声音的世界里，声音若是过大、过吵，可使人烦躁，影响人们的身心健康。电冰箱、空调、抽油烟机、洗衣机、吸尘器等，在使用时会发出各种声音。检测表明，收录机和录音机可达50～90分贝、电冰箱的噪声为50～90分贝、电风扇为42～70分贝、吸尘器为63～85分贝、抽油烟机为65～78分贝。生活中我们该如何远离这些噪音呢？

1. **绿化法**。绿树、草坪、花草等除可调节环境空气中的温湿度、净化空气外，还可以降低周边环境的噪声。阔叶乔木和灌木可以用来降低噪音。临街居住的业主，不妨在阳台或窗台上摆放一些阔叶植物，叶面错落交叠的植物效果最佳。此类植物有龟背竹、金绿萝、常青藤、文竹、吊兰、秋海棠、菊花等。此外，由于临街居室很容易受到粉尘的污染，在窗台上养些阔叶植物，还可以形成一道天然屏障，对大气中的一氧化碳、二氧化硫等污染物质起到很好的抑制效果。

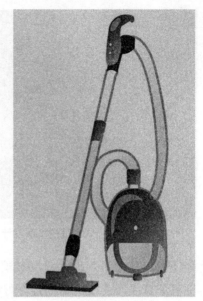

吸尘器

2. **装修法**。对于隔音效果差的墙壁，可以进行改造。比如软木覆盖法，先用实木不等距呈几何图形地分隔墙壁，再用软木覆盖。改造墙壁后，噪声可降低大约50分贝。另外，还可采用贴壁纸的办法，加装一层石膏板来降低噪声，将墙壁表面弄得粗糙一些，使声波产生多次折射，从而也能减弱噪音。

3. **厚门法**。隔音效果，主要取决于门内芯的填充物。内芯填充纸基的模压隔音门，能达到29分贝的隔音效果；内芯使用优质刨花板的门，隔音效果能达到32分贝。实木门和实木复合门，越是密度高、重量沉、门板厚，隔音效果越好。若是门板两面刻有花纹，比起光滑的门板，能起到一定吸音和阻止声波折射的作用。门四周有密封条的防火门，也具有良好的隔音效果。至于底下的缝隙，装一根防尘条，既能隔音，又能防尘，可谓一举两得。

4. **吊顶法**。声音除了通过墙壁传递，也能透过楼板渗透，尤其遇上老房子，楼板往往比较薄，楼上人家的声音不可避免地会传到楼下。针对这种情况，建议在天花板上做吊顶，同时在吊顶里填充隔音棉，这样一来，住在楼下的人，就不会听到楼上人家的脚步声，当然，吊顶也不是每个地

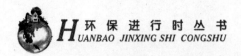
温馨的环保家居大全

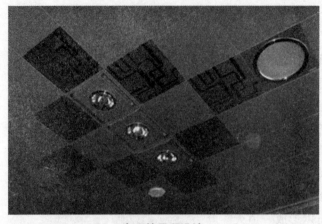

合理的吊顶设计

方都需要，吊顶做得太多，会使室内空间显得压抑，一般只要保证客厅和卧室的隔音就好。

5.**护窗法**。把临街窗户的普通玻璃换成隔音玻璃。如采用5～8毫米厚的透明玻璃，安装隔音窗后大约可以降低噪声30分贝以上。双层玻璃的隔音效果在40%左右，而3层玻璃则几乎百分百隔音。使用密闭性能好的塑钢门窗，可以节省能源30%～50%，并可以使室内噪声降低到室外的1／3，维持在30分贝左右。

6.**静音法**。购买家用电器时，要有意识把工作噪音低作为选择标准之一。选用那些静音效果相对较好的家电用品，可以使人保持良好的情绪。

 四、空气污染巧处理

如何清除装修异味

1.将300克红茶泡入两盆热水中，放在室内，并开窗透气，48小时内室内甲醛含量将下降90%以上，刺激性气味基本消除。

2.购买800克颗粒状活性炭除甲醛。将活性炭分成8份，放入盘碟中，每屋放两至三碟，72小时后可基本除尽室内异味。

3.准备400克煤灰，用脸盆分装后放入室内，一周内能使甲醛含量下降到安全范围内。以上方法同样适用于装修完没有异味的家庭，因为有些有害气体是无色无味的。

柠檬

4.在刚装修完的房间内放两三个柠檬，或橘子、香蕉，均能达到快速去味的效果。

5.在新装修的卫生间摆放绿色植物，可以达到调节空气、消除异味的功效。还可以在室内放置一盆绿色植物，或是放一瓶鲜花，也可以带来清新怡人的感觉。

如何去除室内异味

1.霉味。每年的梅雨季节，屋内都很潮湿，居室内的衣箱、壁橱、抽屉常常会散发霉味。可往里面放一块肥皂，霉味即除，也可将晒干的茶叶渣装入纱布袋，分放各处，不仅能去除霉味，还能散发出一丝清香。

2.香烟味。室内吸烟，烟雾缭绕，有碍健康，若用蘸了醋的纱布在室内挥动或点支蜡烛，烟味即除。

3.厨房异味。在厨房中做饭做菜，饭菜的各种味道很浓，若在锅中放少许食醋加热蒸发，厨房异味即可消除。

4.油漆味。新油漆的墙壁或家具有一股浓烈的油漆味，要去除油漆味，可在室内放两盆冷盐水，一至两天漆味便除。也可将洋葱浸泡盆中，同样有效。

5.花肥臭味。在室内养花，若用发酵的溶液做肥料，会散发出一种臭味，这时可将新鲜橘皮切碎掺入液肥中一起浇灌，臭味即可消除。

6.卫生间臭味。家中卫生间虽然常冲洗，可还是有臭味，可将一盒清凉油或风油精开盖后放于卫生间角落处。也可放置一小杯香醋，臭味也会自然消失。

温
馨
的
环
保
家
居
大
全

如何让居室香气扑鼻

1.蒸发香水。在台灯、吊灯还有壁灯的灯泡上喷洒自己喜欢的香水，利用灯泡的热量来蒸发香水，让香味在房间内弥漫。

2.悬挂干花。用晒干的玫瑰、茉莉花瓣加上少许香料放置于竹篮等容器中，悬挂在墙壁或屋顶，可使满室飘香。

3．水果切片。把菠萝等具有香味的水果切片，放置于竹篮等容器中，能使满屋生香。

水果切片

4.薄荷提神。把薄荷叶放置在竹篮等容器内，或者直接压于衣柜、床褥下，能带来清新、略带乡野气息的香味。

5.吸附散味。用吸油纸等吸水性强的纸张，吸足香水或包装香料后，放在抽屉、衣柜、被褥下等角落，香味可保持很久。

6.制作药包。细辛等香味浓郁的草药晒干或直接置于纱布袋或薄布袋中，放在衣柜、橱柜、鞋柜中，开柜即有浓香。

新房如何除甲醛

新房装修完后，天天通风很必要，至少2个月后，确定无异味方可入住。但开窗虽然能够释放一部分甲醛，却不能彻底清除室内的甲醛。一方面，甲醛基本深藏在家具中，不断地向空气中释放，这种释放过程甚至长达5～15年之久。另一方面，甲醛的分子与空气中的氧气分子相比较，具有很大的"黏性"，也就是说它一般不容易向外界迅速扩散，而保持在室内中。下面介绍几种专除甲醛的方法：

1.盐水除甲醛。新房装修好后，首先把所有的柜门打开，然后买一些盐，大约按每20平方米一包计算。其次每房(厅)放一桶水(冷水即可)，把足够的盐倒进去，然后紧闭房间里的门窗2天(室内的柜门都要打开)，这样就可以消除对人体最大危害的甲醛及装修异味了。

2.活性炭除甲醛。每一平方米内放置50克活性炭，对甲醛的吸附作用很大，每7~8个月更换一次。

活性炭

3.绿色植物净化空气。吊兰、芦荟、龙舌兰、虎尾兰等，能吸收室内甲醛等污染物质；茉莉、丁香、金银花、牵牛花等花卉分泌出来的杀菌素能够杀死空气中的某些细菌，抑制结核、痢疾病原体和伤寒菌的生长。

4.菠萝净化空气。菠萝是粗纤维类水果，既可吸收有害物质，又可散发菠萝的清香味道，将菠萝切开，分装在盘子里放在每个房中可去除异味。

5.调节室内湿度。合理控制室内温度和相对湿度。甲醛是一种缓慢挥发性物质，随着温度的升高，挥发得会更快一些。也可以买一些洋葱放在室内，清除异味净化空气。

6.甲醛清除剂。甲醛清除剂主要是利用从纯天然植物中提取的活性特质，加入活性金属离子，运用最新生物技术合成。通过快速激活空气中的氧，把从板材中释放的甲醛氧化成对人体无毒无害的物质。能快速渗透到板材内部，分解从树脂中释放的甲醛，效果明显，甲醛的去除率在98%以上。

7.净化器处理法。空气净化器分为负离子型、光触媒型等。空气净化器在吸收甲醛方面有一定功效，但是空气净化器一般只在封闭的空间使用才有效。

五、清洁居室的小窍门

如何清洁厨房、厨具

1.塑料食具。污垢可用布蘸碱、醋或肥皂水擦洗，不宜用去污粉，以免磨去光泽。

2.玻璃制品及陶器。可用少许食盐和醋，兑成醋盐溶液洗刷这些器具，即可除去污垢。

3.绞肉机。绞完肉后，放入一块面包或馒头再绞一下，便可以带出滞留在机内的油脂、肉末，很容易清洗干净。

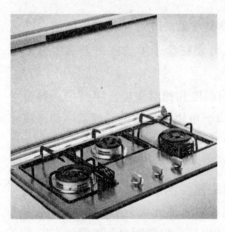

4.燃气灶灶头。正常的燃气灶火焰应为蓝色，但出气口如果被残屑阻塞，火的颜色就会变红。这时可用吸尘器去除火口处的残屑，或用牙签清理。

5.厨房墙壁。用大张的纸巾盖住有污渍的地方，然后用清洁剂喷湿纸巾，纸巾便会粘贴在墙壁上，约15分钟后污渍便会软化，然后将纸巾撕下来，再擦拭污渍，即会取得事半功倍的效果。

燃气灶灶头清理

6.地面。处理地面上的油渍，可以先把面粉撒在油渍上，待把面粉扫走后再用清洁剂擦拭。或者在拖把上倒一点醋，经反复擦拭后，就可以把地面擦拭干净。

7.洗涤槽、案板、切菜板。用消毒剂清洗上述地方。生熟食分别使用专门的切菜板。每次使用切菜板后，都要用热水和洗涤剂清洗干净。

8.微波炉内壁。将一只盛满清洁剂的盘子(微波炉适用)放进微波炉中，点击强档微波5分钟，然后用抹布抹干净即可。

9.抽油烟机。平时为避免油渍积存在抽油烟机的缝隙中，可在开关键上覆盖保鲜膜，并不时更换。这样清洁时只需将保鲜膜拆下即可。清洗涡轮式抽油烟机，可先启动机器，将去污剂喷在扇叶及内壁上，利用机器转动时的离心力，将软化的油污甩除，再将内壁拭净。

10.煤气炉。擦拭煤气炉时，应用质地较温和的清洁剂，炉嘴则可用细铁丝刷去碳化物，再利用细铁丝将出火孔逐一刺通，并用毛刷将污垢清除。

11.排气扇。排气扇被油烟熏脏后，可用布蘸醋擦拭。

12.塑料品。塑料篮、筐网眼里积存了污秽和油污，可取旧牙刷蘸一点醋或肥皂水轻轻刷洗网眼，用水冲后便会光洁如新。

13.金属、瓷器。金属或瓷质洗碗盆的盆边沾有污渍，可用百洁布加上洗洁精及少许去污粉抹擦。

排气扇

14.锅具。锅具使用完后应清洗正反面，而且一定要烘干。只洗表面不洗底层是错误的，因为锅子的底层，常沾满倒菜时不慎回流的汤汁，若不清洗干净则会一直残留在底层，久而久之锅底就会渐渐增厚。

如何清洁厨房台面

1.大理石台面。如果料理台是大理石台面，平时只要在台面上喷洒清洁剂，再用微湿的抹布就可以擦拭得很干净。大理石台面上的水垢不能使用酸性较强的洁厕粉、稀盐酸等，否则会损坏釉面，失去光泽。

2.陶瓷台面。陶瓷制品上的油污，不能用含有研磨颗粒的百洁布、钢丝球、金属刷等清洁工具擦洗，清洁剂也要用中性、弱碱性的比较好。另外，如果陶瓷上面的铁锈沾上清洁剂后长时间不清洗，瓷釉会变色，所

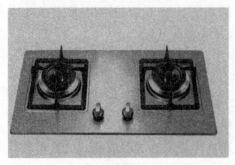

不锈钢灶具

以应用专业清洁剂及时清洗。

3.不锈钢台面。不锈钢料理台面平时的水痕只要用抹布就可以擦干净，但是如果沾到盐分就可能会生锈，最好在酱油瓶(罐)下方垫上防污垫或是小托盘来防止。如果不锈钢台面出现锈斑，可以洒上去污粉后用含砂质的清洁布刷洗，就能保持光亮如新。

此外，不锈钢灶具不能用硬质百洁布、钢丝球或化学剂擦，要用软毛巾、软百洁布蘸水或用不锈钢光亮剂擦洗。

如何擦门板

1.亮面门板。需使用质地较细的清洁布擦拭。

2.实木门板。如橡木、榉木、核桃木等材质，可使用家具水蜡来清洁，可保持原木的色泽美丽长久。

3.水晶门板。可利用绒布类来清洁擦拭，或以干布轻拭。

4.烤漆门板。用质细的清洁布蘸中性清洁液擦拭，避免尖利物接触而留下刮痕。

如何擦玻璃

1.用软布或软纸，在加有酒精或白酒的水里浸湿后把玻璃先擦一遍，再用干净布蘸些粉笔末擦一遍就非常干净了。

2.白面包擦玻璃，玻璃门上的污渍清理，可将一块过期的白面包弄湿，轻擦污渍处即可。

3.醋擦玻璃，将醋和水按照1:2的比例放入喷雾器中，喷在玻璃上再擦抹，可擦得非常干净。

4.柠檬擦玻璃，有油渍的窗户，可用柠檬切口擦抹，可以擦得很干净。

5.在水盆中加入5%的阿摩尼亚溶液或汽油，用其清洗玻璃，待玻璃稍干，再用干布擦抹干净，玻璃即可一尘不染、光亮透明。

6.镀有金边的镜框、相框或玻璃有污垢，可用毛巾蘸剩啤酒擦拭，能除去污垢，使其洁净光亮。

7.在水里放些蓝靛，会增加玻璃的光泽。

8.先用湿布把尘土揩去，再把废报纸搓成团在玻璃上擦，报纸的油墨能很快把玻璃擦净。

9.用洋葱片擦玻璃窗，不但能去掉污垢，且特别明亮。

10.用残茶擦洗镜子、玻璃等，去污效果十分明显。

如何清洗百叶窗

百叶窗

1.戴上橡皮手套，外面再戴棉纱手套，接着将手浸入家庭用清洁剂的稀释溶液中，再把棉纱手套拧干。

2.将手指插入全开的百叶窗叶片中，夹紧手指用力滑动，便能轻易清除叶片上的污垢了。

3.若是棉纱手套擦脏了，可以像洗手般地将双手放进清洁液中用力揉搓，就能把手套洗干净了。

4.百叶窗擦干净之后，调整叶片的绳子，也采取相同的方法擦拭。而类似百叶窗的窗户或窗帘，都可利用这个方法清洗。

如何清洁灯具

灯罩的形状和材质不同，有不同的清洗方法。

1.布质灯罩。可以先用小吸尘器把表面灰尘吸走，然后把洗洁精或者家具专用洗涤剂倒一些在抹布上，边擦边替换抹布的位置。若灯罩内侧是

纸质材料，应避免直接使用洗涤剂，以防破损。

2. 磨砂玻璃灯罩。用适合清洗玻璃的软布，小心擦洗；或者用软布蘸牙膏擦洗，不平整的地方可用软布包裹筷子或牙签处理。

3. 树脂灯罩。可用化纤掸子或专用掸子进行清洁。清洁后应喷上防静电喷雾，因为树脂材料易产生静电。

4. 褶皱灯罩。用棉签蘸水耐心地一点一点擦洗，如果特别脏的话，可用中性洗涤剂。

5. 水晶串珠灯罩。做工细致精美，清洁很麻烦。如果灯罩由水晶串珠和金属制成，可直接用中性洗涤剂清洗。清洗后，把表面的水擦干，让其自然阴干。如果水晶串珠是用线穿上的，最好不把线弄湿，可用软布蘸中草药性洗涤剂擦洗。金属灯座上的污垢，先把表面灰尘擦掉后，再在棉布上挤一点牙膏进行擦洗。

如何清洗玩具

一般情况下，皮毛、棉布玩具，可放在日光下曝晒几小时；木制玩具，可用煮沸的肥皂水烫洗；铁皮制作的玩具，可先用肥皂水擦洗，再放在日光下曝晒；塑料和橡胶玩具，可用0.2%过氧乙酸或0.5%消毒灵浸泡1小时，然后洗净、晒干。

如何清洁钢琴琴键

钢琴琴键

找一块很柔软的布，挤上牙膏，来擦拭琴键。柔软的布不会损伤琴键。然后用布蘸牛奶清洗，或者用一块软皮擦拭干净。如果是塑料琴键，也可用软皮蘸着加过白醋的温水擦拭。如果是非常珍贵

温馨的环保家居大全

的象牙琴键，最好的方法就是选择一个晴天，把钢琴搬到户外，打开琴键盖子，在日光下曝晒，这样琴键就不会再变黄了。另外，把真空吸尘器换一个柔软刷毛的清洁头，可以用来吸走钢琴角落或者缝隙里的灰尘。

如何去除衣柜"暗毒"

1.长时间放在衣柜和床屉里的被子、毛毯，一定要充分晾晒后再用。

2.衣物能够漂洗的尽量漂洗后再穿。

3.家有儿童、孕妇和年老体弱者更要注意，放置在衣柜，特别是人造板衣柜里的衣物，应该加以密封包装存放。

4.人造板内的甲醛释放期为3～15年，一些已经使用一段时间的衣柜中的衣物也可能被甲醛污染。

家庭消毒十一法

1.**擦洗消毒法**。针对居室的地面、墙板、门窗家具等，用温水加入消毒剂清洗，如0.1%的过氧乙酸、1%～2%的漂白粉乳液、3%～5%的来苏水等，对大肠杆菌、金黄色葡萄球菌、甲乙型肝炎等均有效。

2.**煮沸消毒法**。煮沸能使细菌的蛋白质凝固变性。消毒时间要从水开后计算，经过15～20分钟的煮沸，能杀灭一般病菌。病人每次用过的食具和某些儿童玩具，宜采用这种方法消毒。被消毒物品要全部浸没在水中。

3.**日光消毒法**。日光含有紫外线和红外线，照射3～6小时能达到消毒的目的。病人的被褥、衣服、家具等，可在阳光下暴晒消毒。

4.**空气清洁法**。室内空气要保持新鲜，必须开窗通风换气。每次开窗10～30分钟，使空气流通，病菌排出室外。

5.**石灰消毒法**。病人的呕吐物、大小便可以用生石灰消毒。因生石灰能使病菌的蛋白质凝固变性。1份呕吐物或排泄物可加2份生石灰搅拌，2小时后再倒入厕坑内。

6.**漂白粉消毒法**。漂白粉能使细菌体内的酶失去活性，使其死亡。桌、椅、床、地面等，可用1%～3%的漂白粉上清液(漂白粉沉淀后，上面

漂白粉

的清水），擦拭消毒。

7.食醋消毒法。食醋中含有醋酸等多种成分，具有一定的杀菌能力，常用作室内空气消毒。约10平方米左右的房间，可用食醋100～150克，加水2倍，放瓷碗内用文火慢蒸，熏蒸时要关闭门窗。这种方法对预防呼吸道传染病有良好作用。

8.酒精消毒法。酒精能使细菌的蛋白质变性凝固。因此，常用75%的酒精消毒皮肤，或浸泡30分钟消毒食具等。

9.蒸笼消毒法。用蒸笼作为消毒工具，消毒时间应从水沸腾并冒出蒸汽后计算，经15～20分钟可达到消毒目的。这种方法适合消毒衣物和食具等。

10.紫外线灯消毒法。有条件者，可在室内安装紫外线灯。可按每10～15平方米面积安装1支30瓦低臭氧紫外线灯。每天照射1小时以上，可杀灭室内空气中90%左右的微生物。

11.卫生香消毒法。这类消毒香主要成分为除虫菊、苍术、艾叶等中草药。使用时，1个房间点1盘。中草药消毒时人可留在室内。

 六、花卉让家居环境无处不清新

巧用花卉监测室内环境

对二氧化碳敏感的花卉有紫菀、秋海棠、美人蕉、矢车菊、彩叶草、非洲菊、三色堇、万寿菊、牵牛花、百日草等。在二氧化碳超标环境下，这些植物会发生急性症状，即叶片呈暗绿色水渍状斑点，干后呈现灰白色，叶脉间有不定型斑点，褪绿、发黄。

对二氧化氮敏感的花卉有矮牵牛、杜鹃、荷兰鸢尾、扶桑等。在二氧化氮超标环境下，这些植物会发生症状，即中部叶子的叶脉间出现白色或褐色不定型斑点，并提早落叶。

对过氧化酰基硝酸酯敏感的花卉有香石竹、大丽花、小苍兰、凤仙草、矮牵牛、报春花、蔷薇、一品红、金鱼草。反应症状是幼叶背面出现古铜色，好像上了釉一样，叶生长异常，向下方弯曲，上部叶片的尖端枯死，枯死部位呈白色或黄褐色。

金鱼草

对臭氧敏感的花卉有矮牵牛、藿香蓟、秋海棠、小苍兰、香石竹、菊花、三色堇、紫菀、万寿菊等。遇臭氧出现如下症状：叶表呈现蜡状，有坏死斑点，干后变白色或褐色，叶出现红、紫、黑、褐等颜色，提早落叶。

对氟化氢最敏感的花卉有唐菖蒲、美人蕉、仙客来、萱草、风信子、鸢尾、郁金香、杜鹃、枫叶等，反应表现为花卉叶的尖端发焦，接着叶片周缘部分枯死、落叶、叶片褪绿，部分变成褐色或黄褐色。

可作为氯气监测器的花卉有百日草、蔷薇、郁金香、秋海棠、枫叶等。在氯气含量超标情况下即发生类似二氧化硫与过氧化酰基硝酸酯中毒的症状，叶脉间出现白色或黄褐色斑点，很快落叶。

对氨气敏感的花卉有矮牵牛、向日葵等，当氨气浓度为17微克时，经4小时，叶两面变白色，叶缘部分出现黑斑及紫色条纹，提早落叶。

温馨的环保家居大全

巧用花卉抗污染

在室内养上几盆鲜花，既能美化环境，陶冶情操，净化空气，又能消除或减少化学污染，抵抗微生物的侵害。

1.龟背竹。龟背竹又名龟背蕉、蓬莱蕉、电线莲、透龙掌，常绿藤本植物。花谚说："龟背竹本领强，二氧化碳一扫光。"它夜间有很强的吸收二氧化碳的特点，比其他花卉高6倍以上。

2.橡皮树。橡皮树具有独特的净化粉尘功能，也可以净化挥发性有机物中的甲醛。橡皮树喜欢阳光充足的地方，这样可以保证进行旺盛的光合作用和蒸腾作用。灰尘较多的办公室则最适合摆放在窗边。

发财树

3.发财树。在光线较弱，或二氧化碳浓度较高的环境下，发财树仍然能够进行高效的光合作用，因此对于空气浑浊的室内，这种植物再合适不过了。

4.虎尾兰。虎尾兰可有效吸收夜晚的二氧化碳，还可以有效去除空气中的甲苯，与其他植物相比，含有更多的阴离子。

5.美人蕉。美人蕉又名红艳蕉、凤尾花、宽心姜。花谚说："美人蕉抗性强，二氧化硫它能除。"它是吸收氟气的能手，对二氧化硫也有很强的吸收性能。

6.石榴。石榴又名安石榴、海石榴、丹若。花谚说："花石榴红似火，既观花又观果，空气含铅别想躲。"室内摆一两盆石榴，能降低空气中的含铅量。

7.石竹。石竹又名洛阳花、草石竹，多年生草本。石竹种类很多，夏秋开花。花谚说："草石竹铁肚量，能把毒气打扫光。"它有吸收二氧化硫和氯化物的本领，凡有类似气体的地方，均可以种植石竹。

8.海桐。海桐又名宝珠香、七里香，为常绿灌木，夏季开花，叶片嫩绿光亮，四季常青不凋。花谚说："七里香降烟雾，又是隔音好植物。"它能吸收光化学烟雾，还能防尘隔音。

9.月季、蔷薇。花谚说："月季蔷薇肚量大，吞进毒气能消化。"这两种花卉较多地吸收硫化氢、氟化氢、苯酚、乙醚等有害气体，减少这些气体的污染。

10.雏菊、万年青。雏菊又名延年菊、春菊、小雅菊、玻璃菊、马兰头花。花谚说："雏菊万年青，除污染打先锋。"这两种植物可有效地除去三氟乙烯的污染。

11.菊花、铁树、生长藤。花谚说："菊花铁树生长藤，能把苯气吸干净。"这三种花卉，都有吸苯的本领，可以减少苯的污染。

帮助室内保湿的植物

富贵竹　是很适用于室内水养的植物。它是极耐阴植物，在弱光照的条件下，仍然生长良好，挺拔强壮。可以长期摆放在室内观叶，不需要特别养护，只要有足够的水分，就能旺盛生长。水培时，将富贵竹茎秆切成20厘米以上的小段作为插穗插在水中，只要插穗的1／3能浸在水中就可生根成活。

富贵竹

吊兰　可在室内水养，不仅可以净化空气，而且外形美观、管理简便。将盆栽吊兰挖出，去根部泥土，剪去老根、烂根，留下须根，放入容器瓶内，瓶里装入清水和花卉营养液，让吊兰根部浸于水中生长即可。

绿萝　属于攀藤观叶花卉。性喜温暖、潮湿环境。水养很简单，保证2～3天换一次水，配以简单的营养素。绿萝具有很高的观赏价值，蔓茎自

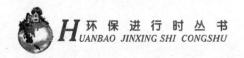
然下垂，既能净化空气，又能充分利用空间。

常春藤 是典型的阴性植物，能生长在全光照的环境中，在温暖湿润的气候条件下生长良好，不耐寒。

这些水养植物一般不需特殊管理。有一定体积可供根系伸展的容器都可以使用，而瓶口开敞的玻璃容器，对保持水质和根系生长更为有利。在栽植时应避免叶子浸入水中，以免造成腐烂。放置在适宜的光照条件下，很快就能生根。水变得污浊时，取出植物，清洗容器，重新灌水即可。一般水养植物，3天换一次水，施一次营养液，营养液的配比和使用多少视植物大小而定。

驱蚊植物摆放别太密

由于不同的人对植物香气的反应不同，室内香气太浓，反而容易引起头晕、鼻炎等过敏症状，因此摆放驱蚊植物应当注意密度。

驱蚊植物主要有夜来香、薰衣草、猪笼草、天竺葵、七里香、食虫草和驱蚊草。

不过，浓度过高可能让过敏体质的人出现头晕等不适症状。20平方米的室内，中盆植物摆放2盆，小盆植物摆放3~4盆，如果身体容易过敏，建议别把这植物摆放到卧室。

天竺葵

第四章

家居污染，你意识到了吗

一、看一看家居装修污染

室内空气污染的罪魁祸首

　　室内空气的污染源很多，如呼吸、吸烟、药剂和日用化学品释放的污染物；建筑材料及室内装潢、室内燃烧产生的污染物；进入室内的大气、病原微生物的污染等。污染有化学、物理、生物、放射性物质四大类50余种之多，如氡、苯、甲醛、氨、三氯乙烯、对二氯苯等。这些室内空气污染物会造成人体多系统、多器官、多组织、多细胞、多基因的损害，导致人体35.7%的呼吸道疾病、22%的慢性肺病和15%的气管炎、支气管炎和肺癌等，全球近一半的人深受其害。

　　最主要的而且最值得关注的还是建筑装修污染。2003年年底至2004年年初，北京市消费者协会组织开展了"北京市家庭装修环境污染情况调查"，据所征集的294户消费者的意见表明：空气质量不合格率为29%。湖南省保护消费者权益委员会2003年10月31日公布了长沙市区部分居民室内空气品质免费检测结果，结果表明，大部分装修过的家庭存在室内空气污染，其中最突出的是甲醛超标，达到实际检测户数的65.6%。目前全球每年因装修污染引起上呼吸道感染而致死亡的儿童约有210万，其中100多万5岁以下儿童的死因与室内空气污染有关。据中国室内装饰协会室内环境监测中心有关人士2004年6月1日介绍，在调查中发现患白血病的孩子中近90%的家庭近期都曾经装修过，而且不少还是"豪华装修"。

　　中国室内装饰协会室内环境监测中心和健康医疗中心，根据多年来进行室内环境检测和治理的实践，归纳总结出了装修造成的室内环境污染的8种危害表现，这些表现可以帮助我们判断自己与家人生活和工作的环境是否安全：①每天清晨起床时，感到憋闷、恶心甚至头晕目眩；②家人容

易感冒；③虽然不吸烟，但是经常感到嗓子不舒服，有异物感；④家里小朋友常咳嗽、打喷嚏，住新装修的房子孩子不愿意回家；⑤家人常有皮肤过敏等表现，而且是群发性的；⑥家人共有一种疾病，而且离开这个环境后，症状就有明显好转；⑦工作场所装修后，一上班就感觉喉部疼痛、头晕、容易疲劳，下班以后就没有上述感觉了，而且同楼人也有这种感觉；⑧新装修的房间或者新买的家具有刺眼、刺鼻的刺激性气味，而且超过一年气味仍然不散。

提防三类材料、"四大杀手"

在装修中特别要注意的是油漆涂料、释放甲醛的人造板和木制家具以及石材瓷砖三类材料，它们极容易成为室内空气污染源。因为这些材料在加工过程中都会使用一些化学材料，释放有害气体如甲醛、苯、氨、氡等，这四种有害气体被称为"四大杀手"，如果在房间里聚集得过多就会对人体造成伤害。

甲醛是一种无色、具有刺激性且易溶于水的气体，其35%～40%的水溶液通称为福尔马林。甲醛具有较强的黏合性，

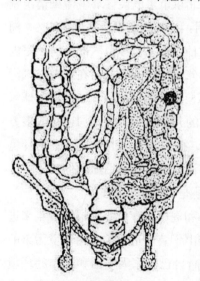

结肠癌

同时可加强板材的硬度和防虫、防腐能力，因此目前市场上的各种刨花板、中密度纤维板、胶合板中均使用了以甲醛为主要成分的黏合剂。另外新式家具、墙面、地面的装修中都要使用黏合剂，都会有甲醛气体。甲醛已经被世界卫生组织确定为致癌和致畸形物质，是公认的变态反应源，也是潜在的强致突变物之一。甲醛对人体健康的影响主要表现在嗅觉异常、刺激、过敏、肺功能异常、肝功能异常和免疫功能异常等方面。其空气中浓度达到0.06～0.07毫克／米³时，儿童就会发生轻微气喘；随着浓度增加可引起异味和

不适感，刺激眼睛引起流泪，引起咽喉不适或疼痛等。浓度更高时，可引起恶心呕吐、咳嗽胸闷、气喘甚至肺水肿；达到30毫克／米³时，会立即致人死亡。长期接触低剂量甲醛可导致慢性呼吸道疾病、鼻咽癌、结肠癌、脑瘤、月经紊乱、妊娠综合征、新生儿染色体异常、白血病，以及青少年记忆力和智力下降等。在所有接触者中，儿童和孕妇对甲醛尤为敏感，危害也就更大。

苯的危害比甲醛更严重，世界卫生组织规定苯为致癌物质，苯进入体内可在造血组织中形成具有血液毒性的代谢产物。长期接触苯可引起骨髓与遗传损害，白细胞、血小板减少、全血细胞减少与再生障碍性贫血，甚至导致白血病。现在患白血病的儿童急剧增加就与苯有关。苯一般用于油漆、涂料、防水材料、黏合剂等，此外，苯也来源于燃烧烟草的烟雾、染色剂、图文传真机、电脑终端机和打印机、墙纸、地毯、合成纤维和清洁剂等。苯的气味不像甲醛那么刺激，有点像香熏水的气味，因此有人称之为"芳香杀手"。

氨是无色气体，当在空气中达到一定浓度时，才有强烈的刺激气味。氨是一种碱性物质，进入人体后可以吸收组织中的水分，它的溶解度高，对人体的上呼吸道有刺激和腐蚀作用，从而减弱人体对疾病的抵抗力。氨进入肺泡后易和血红蛋白结合破坏运氧功能。短期内吸入大量的氨可出现流泪、咽痛、声音嘶哑、咳嗽、头晕、恶心等症状，严重者会出现肺水肿或呼吸窘迫综合征，同时发生呼吸道刺激症状。含氨的混凝土防冻剂主要在冬季施工时使用，以提高混凝土强度和加快施工进度。现在国家已经禁止使用含有氨的防冻剂了，但是我们在买房时仍应确认开发商提供的房子是否存在氨污染的问题。

氡是放射性物质，主要藏身于一些高放射性建筑材料和室内装饰石材瓷砖之中，如矿渣砖、花岗岩、大理石、瓷砖、洁具等，而瓷砖、洁具(包括陶瓷洗面盆、马桶、浴盆等)的危害性比天然石材更大。因为其原料主要是黏土、砂石、工业废渣等，或多或少含有放射性元素，虽经高温烧煅，但是仍难消除这些物质的放射性。而且，瓷砖、洁具一般用于客厅、厨

房、卫生间等，易形成"四面辐射"，人往往处于辐射中心，所以受到的伤害更严重。据此，专家建议消费者购买陶瓷地砖时，最好不要大面积使用同一个品种。

氡不像甲醛、苯、氨有强烈的气味，它像一个幽灵，无味无色，让人们感觉不到。氡被世界卫生组织列为19种主要的环境致癌物质之一。在肺癌的各种诱因中，氡仅排在吸烟之后，是最危险的无声杀手，我国每年约有5000人因吸入过量的氡而患肺癌。在美国，每天有约60人被氡杀死，超过了艾滋病每天夺命的人数。根据著名辐射防护与核安全专家王作元教授历时9年进行的涉及400万人口的流行病学调查，即使较低浓度的氡也能使肺癌发病率增加。

家庭装修所用石材中，大理石放射性一般比花岗岩要低，所以大理石一般可以放心使用。一般而言，花岗岩中通常以红、紫红、绿色的放射性高一些，而黑、白、浅色的花岗岩一般是没有问题的。但是这也不是绝对的，因为石材的放射性结构颇为复杂。如果需要使用石材，要购买放射性含量为A级的石材，应该请厂家出具检验报告或者请检测中心检测。

另外也不要忽略一些石雕、玉制品所带来的危害，如果这些工艺品的材料中含有氡、镭、钍等放射性元素，就无异于请一个"可爱的杀手"坐在家中了。时间一长，难免不损害身体健康。

简化装修、绿色装修以防空气污染

据中国室内装饰协会环境检测中心最近透露，全国每年因室内空气污染引起的死亡人数已达11.1万人，每天大约是304人。这个数字，恰好相当于全国每天因车祸死亡的人数。

人们常说"车祸猛于虎"，而室内空气污染却成为另一只吃人的猛虎。我们千万不可掉以轻心。近年来，大多数家庭,有自己的房子，想把房子弄得漂漂亮亮也是人之常情，于是家庭装饰装修成为时尚。殊不知，对于那些没有科学观念的消费者而言，豪华的装修极有可能引发一场灾难，不但浪费了大量金钱、资源，同时也引狼入室，把病魔和健康杀手带进了家庭。此外，一些过度的装修甚至还会造成房屋承重过大、抗震性减弱、易燃烧、易引发火灾等致命的危害。

所以要解决装修污染问题关键在于树立科学的消费观和生活方式。装修要尽量简化，尽量减少能源、资源的消耗；若要装修，首先要摒弃现有的、世俗的审美判断标准，不宜过度装饰，不搞病态空间，减少视觉污染；应尽量使用环保建材，绿色装修，在购买装修材料时，一定要向商家索取权威部门出具的安全证明，并对花岗岩、瓷砖等进行检测；尽量多地利用自然元素和没有放射污染的天然材质，创造安全、健康、自然、质朴、舒适、实用的生活和工作环境。要注重室内家具的选择，如果经济条件允许，以自然典雅的实木家具为首选。其次，可以选择天然树脂装饰的家具，尽量不要选用大芯板制作的家具，因为大芯板如果甲醛超标，很难治理。室内打造家具不宜太多，因为其本身会释放大量的有毒有害气体，对新家具应进行清除甲醛处理。

国家颁布的《民用建筑室内环境污染控制规范》中，明文规定了几种必须检测的有毒、有害气体，如苯、甲醛、氡、氨总挥发性有机化合物，其中苯、氡都已确定是可以致癌的物质。所以，装修后的住宅必须对以上的有毒有害气体作全面检测。仅凭气味来判断是否有污染是不准确的。因为在有毒有害气体中，有的是有味的，如苯、甲醛、氨等，但也有无色无味的，如氡。也就是说没有气味并不一定没有污染，而且各种化学物质混合后散发出的复杂气味就更难辨别。因此，凭气味来判断是否污染是不准确的。如果能闻到明显的甲醛或苯的气味时，表明污染

简单的室内家具

程度已十分严重，足以对人体产生危害。闻不到时也不能说污染不存在，必须请有关部门进行检测。如有污染则应请专业单位进行技术处理。同时要注意开窗换气，自然通风最高可使室内氡浓度降低90%。或者安装有效的空气净化器，以更新室内空气。新装修的房子至少开窗有效通风3个月后才可入住，并在新居室内放上几盆吊兰以清新空气；无人时，也可有意提高室内的湿度(如每室放一盆清水)和温度，因为湿度和温度高时，装修材料中的污染物就散发得快。但室内有人居住时湿度过高于身体不利，同时还会促进细菌等微生物的繁殖。

 ## 二、谨防家用电器污染

电磁污染是21世纪继生物污染、工业污染后的又一污染源，而且是近在身边的污染。近年来，随着生活现代化加速，家用电器急剧增加，电磁污染对人体造成的潜在危害越来越突出，而且也没有引起人们的足够重视。

由于电磁波看不见摸不着，但又弥漫于整个空间，所以人们又称它为"电子烟雾"。

专家认为，各种电子产品辐射的电磁波危害着人体健康。因此，科学家们称它为"恐怖的幽灵电波"和"可怕的电子弹"，国际上把它列为继废气、废渣、废水、噪声之后人类环境的第五大公害。

电磁波看不见，摸不着，闻不到，但人们却时时处在具有一定能量的电磁波

电磁污染

辐射环境中。电磁波能穿透非金属物体渗透到人体内部影响人体生物电流的正常流向，如果电磁波频超过105赫兹，就能穿透人体，导致体内功能紊乱，使人失去生态平衡，轻者表现为头晕、头痛、失眠、食欲缺乏、恶心、白细胞减少等，重者可致病致癌等。其实，电磁跟水和空气一样，都是生物存在的条件，但是它与空气的温度、湿度、气压一样，都有正常的限度。我们周围的电磁场如果过于强大，就会出现电磁波污染。电磁波是微波炉、收音机、电视机、电脑以及手机等家用电器工作时所产生的各种不同波长、频率的电磁波。这些电磁波充斥空间，对人体具有潜在的危险，也被称为电磁污染。相对来说，微波炉的辐射比较大，应该尽量少用。在中国环境监测中心公布的室内家电辐射排名中，微波炉位居第一，辐射超过国家标准近1倍，成为家中最危险的"健康杀手"。家用电器污染的危害主要表现有以下几种。

1.污染室内空气。电视、电脑在使用时会产生一种叫"溴化二苯呋喃"的有害气体，它对人体有极大损害。科研人员检测发现，1台彩色电视机连续使用1天后或家用电脑连续使用2天后，在房间中检测室内空气的有害气体的含量时发现，此时的"溴化二苯呋喃"气体含量相当于在繁华街头的有害气体的含量。因此，看电视、用电脑的房间要经常通风，保持室内空气新鲜。

2.诱发慢性病。长时间看电视、上网，易受电磁辐射污染，容易导致癫痫、青光眼、白内障、抑郁症等疾病。据报道，上海的一位大学生在网上连续玩了10个小时游戏后，忽然感到视物模糊、头痛、恶心，最后全身抽搐。送到上海仁济医院，被医生诊断为"光敏感性癫痫"。仁济医院癫痫外科诊疗中心主任医师指出，近几年，由于长时间使用电脑、观看电视、打游戏机等诱发的癫痫病例屡见不鲜，以青少年为主，大约占青少年癫痫患者的1／3。

研究表明，癫痫发作是由大脑皮质异常兴奋引起的，诱发因素多种多样，包括疲劳、兴奋、气味和光刺激等。其中，由闪烁的光线刺激诱发的癫痫在临床上被称为——光敏感性癫痫。有关此类疾病的最著名事件要数

温馨的环保家居大全

1997年日本儿童的集体癫痫发作。当时，电视台播放动画片《皮卡丘》，由于画面强烈闪烁和色彩急剧变化，当晚共有近700名日本儿童癫痫发作，因此又有人称此类疾病为"任天堂癫痫"。

目前，我国癫痫的发病率是8‰，全国共有800万～900万的患者。医生建议，青少年应该减少上网、看电视和玩电子游戏的时间，长期使用电脑的人应注意休息，有癫痫病史的儿童要避免不良刺激。

"溴化二苯呋喃"的制造者

3.专家们认为过多地看电视会导致6种疾病。一是电视消化不良症。尤其是一边进餐一边看电视，可削弱消化功能。二是肥胖症。看电视过多，缺乏运动，体能消耗少，体内脂肪堆积，就会过胖，有的电视迷喜欢一边看电视，一边不断吃零食，于是摄入的热量过多，更容易肥胖。三是电视脚痹症。长时间坐着看电视，两腿血脉受压过久，腿部的肌肉缺少收缩与松弛，久而久之，就会出现双足麻痹、酸胀等症状。四是电视矮细病。美国一组调查发现，凡每天看电视时间长的小孩子，均比同龄小孩子矮1厘米～3厘米，这些专家认为，看电视时间过长，势必大大减少小孩活动玩耍的时间，而活动玩耍，有刺激小孩发育长高的作用；其次是看电视多的小孩多是深夜才上床睡觉，睡眠时间减少，脑垂体分泌的生长激素也跟着减少了，所以长高就慢。五是电视眼病。看电视过久，最易导致视力减退，近视加深，尤以过分近距离看电视为甚。六是电视自闭症。天天过长时间在家中看电视的儿童，大大减少与同龄儿童玩耍和交往的时间，久而久之，就会养成不喜欢与别人交往的习惯。

人们有时记忆力减退，有时感到压抑，情绪低落，注意力不集中，这一切都可能是环境中电磁污染造成的。人暴露在微弱的电磁场中，如电线及某些家用电器产生的电磁场，会使白血病、乳腺癌及脑癌的发生率有所增高。美国环保局就这一问题发表了十分详尽的报告，其结论表明，微电磁场是"导致人类癌症的一个可能的、但未经证实的原因"。

电磁污染 无处不在

科学家至今才逐步弄清，微电磁场是怎样促使其致癌发作的。他们把这种作用比喻成风吹到砖墙上形成的洞。科学家运用物理学、生物学、化学及数学来研究细胞膜、受体、细胞通路、相邻细胞间的连接、细胞间的通信网络及激素系统。美国生物电磁学协会主席布莱克曼博士说："微电磁场不是通过打断化学键或使癌基因发生突变来加强致癌作用，而是最终破坏脱氧核糖核酸。"

专家们认为，磁场可能不是直接诱发癌症的原因，但可能会在敏感的人身上促使其发生，因此，人应设法置身其外。

家用电器越多，污染就越大，其危害也不言而喻。有专家指出，危害主要有六大方面。

①极可能是造成儿童患白血病的原因之一。医学研究证明，长期处于高电磁辐射的环境中，会使血液、淋巴液和细胞原生质发生改变。意大利专家研究后认为，该国每年有400多名儿童患白血病，其主要原因是距离高压线太近，因而受到严重的电磁污染。

②能够诱发癌症并加速人体的癌细胞增殖。电磁辐射污染会影响人类的循环系统及免疫、生殖和代谢功能，严重的还会诱发癌症，

可怕的电磁污染

温馨的环保家居大全

并会加速人体的癌细胞增殖。瑞士的研究资料指出，周围有高压线经过的住户居民，患乳腺癌的概率比常人高7.4倍。

③影响人体的生殖系统。主要表现为男子精子质量降低，孕妇发生自然流产和胎儿畸形等。

④可导致儿童智力残缺。据最新调查显示，我国每年出生的2000万儿童中，有35万为缺陷儿，其中25万为智力残缺，有专家认为电磁辐射也是影响因素之一。世界卫生组织认为，计算机、电视机、移动电话的电磁辐射对胎儿有不良影响。

⑤影响人们的心血管系统。表现为心悸，失眠，部分女性经期紊乱，心跳过缓，心搏量减少，心律失常，白细胞减少，免疫功能下降等。

此外，电磁场对人们的视觉系统有不良影响。由于眼睛属于人体对电磁辐射的敏感器官，过高的电磁辐射污染会引起视力下降、白内障等。值得注意的是，不同的人或同一个人在不同年龄阶段对电磁辐射的承受能力是不一样的，老年人、儿童、孕妇属于对电磁辐射的敏感人群。

美国纽约州立大学的科学家罗伯特·贝克尔博士在他的著作《生命的火花》一书中描述说，我们的大脑和神经是靠电能工作的，这种电能有弱的脉冲。由于周围有比它强数百万倍的电磁场，大脑和神经的工作就经常受到干扰。在电视机、微波炉、收音机和计算机旁边逗留，会使神经和大脑系统功能的失调。这位美国科学家说，只要是消耗电能的地方，就有电磁场。人体主要由水组成，是一个理想的导体，就像一根天线，接收所有的电磁波。为了寻找这种电流，设在慕尼黑的国际电磁研究会向

对电磁敏感的人群

市场推出了一台仪器，专门用来测量这种污染。由此可见，室内电磁污染对人体的危害绝不可小视。

三、厨房油烟污染危害巨大

厨房油烟污染，也是室内一大杀手，尤其通风条件差的居室更是深受其害。有人观察，在炒菜时，油锅加热到沸腾时，油温可达280℃，容易产生3，4-苯并芘。3，4-苯并芘是一种致癌物质，是引起妇女肺癌一个不可忽视的因素。据测定，使用以煤饼为生活燃料的厨房内，颗粒物浓度和二氧化硫浓度，分别都比室外高3倍和10倍。人们长期生活在这种房间里，易患哮喘、慢性支气管炎、支气管扩张等呼吸道疾病。世界卫生组织指出，全球厨房油烟污染每20秒钟就要夺去一条生命，可见问题的严重。

厨房整体橱柜污染更为严重，更容易加速有害物质挥发。多数家庭在装修厨房时，更喜欢选用整体橱柜，因为它不但有效利用了厨房空间，拿取物品也很方便，体现了人性化的追求。但据湖南省疾病预防控制中心装饰材料与室内空气监测科的调查，室内空气污染超标近70%来自厨房。我国室内装饰协会环境监测中心主任宋广生也表示，整体橱柜是室内污染的重灾区。首先，材质污染。橱柜体积至少占到厨房的1／3，其主要原料为人造板，如果材质不达标，就会存在污染，再加上厨房使用明火、温度高，会加速有害物质的挥发。其次，是台面污染。不少人喜欢选用石材作为橱柜的台面，但花岗岩中有放射性物质存在；有些树脂合成的人造石中，使用的胶含苯及挥发性有机物等。再次，是辅料污染。由于厨房管道多，整体橱柜一般进行现场安装，如果操作不规范，人造板容易出现密封不严的情况。时间久了，释放出的有害物质会导致起疹子、流鼻涕、流眼泪等症状，甚至降低人体抵抗力。

关于橱柜的环保，目前我国还没有严格的家具环保质量标准，只有人

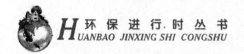
造板(刨花板和密度板)的检测标准。对此，专家提醒消费者，在挑选整体橱柜时，最好亲自到店内，闻闻是否有很强的刺激性气味。装修时，尽量减少现场封边，因为现场操作很难做到密封，而工厂采用高温高压封边，封边后牢固整洁。有些地方如需现场封边，也要用质量最好的玻璃胶或透明胶，其防水效果好。橱柜后面最好不装背板，这样既省钱又环保，还容易清洁，即使要用，也要用双面板，单面板污染严重。一些比较正规的橱柜使用的箱体材料为白色希莱板，内含绿色防潮剂并且箱体上所有的孔位全部加装封盖，能防止潮气进入，减少甲醛释放。厨房要经常开窗，并且不要将厨房装得太满。

厨房还是一个高电磁场污染的地点，因为微波炉、烤面包机、电磁炉、电饭锅就放在那里。很多人已经知道，微波炉在运转时电磁辐射较高，因此要离它远一点，不要盯着它看。其他电器也一样，烤面包时最好不要站在前面，等着面包跳起。煮咖啡时也不要站在旁边等着它流出。

全自动洗衣机在运转时，尽可能不要接近。电冰箱的正面磁场不高，但在侧面接近电源的部位却比较高，所以，要避免长时间站在电冰箱旁边。

厨房要经常开窗通风

四、远离噪音污染

城市噪声污染早已成为城市环境的一大公害。世界卫生组织最近进行的全世界噪声污染调查认为，噪声污染已经成为影响人们身体健康和生活质量的严重问题。随着经济的发展，我国噪声污染的影响和范围正在逐年扩大。据最近的统计显示，我国多数城市的噪声处于中等污染水平，并呈持续上升之势。

噪声分为工业噪声、建筑施工噪声和交通运输噪声以及其他的人为活动所产生的社会生活噪声四类。噪声无孔不入，严重破坏了我们生活环境的宁静。近年来飞机、火车以及数量剧增的汽车、摩托车，已成为城市的主要噪声源。这些交通工具的噪声是流动的，干扰范围大，而建筑施工的噪声污染虽然相对范围较小，但是其强度和持续性更加令人难以忍受。因为其噪声一般在90分贝以上，最高可达到130分贝。上述两类噪声是对环境冲击最强的噪声，但是来自室内的生活噪声也不可忽视，电冰箱所产生的噪声为34～45分贝，电视机、电风扇、电脑、洗衣机可达到50～70分贝，音响设备则更高。

众所周知，噪声能损伤听力，引起耳部不适，如耳鸣、耳痛和听力下降，若在80分贝以上的噪声环境中生活，造成耳聋者可达50%。

但是随着对噪声危害的深入研究，环境医学科研人员发现它还会严重地危害人体健康。

世界卫生组织研究表明，当室内的持续噪声污染超过30分贝时，人的正常睡眠就会受到干扰，而持续生

噪音污染 难以忍受

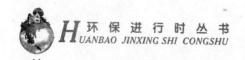

温
馨
的
环
保
家
居
大
全

活在70分贝以上的噪声环境中，会对人体各方面的健康造成损害。因此国外早就出现了"噪声病"一词。

首先，因为噪声影响人的休息、睡眠和工作，会使人产生负性的心理效应，感到烦躁、萎靡不振，影响工作效率。其次，噪声能损害智力。医学研究发现，经常处在嘈杂环境中的婴儿不仅听力受到损伤，智力发展也会受到永久性的影响。

噪声是诱发心血管疾病的危险因子，可增加心肌梗死的发病率。动物实验证明，长期接触噪声可使机体内肾上腺分泌增加，从而使血压上升。科研人员还发现，在工作场所接触噪声和夜间接触交通噪声，均可使人体总胆固醇和甘油三酯上升，这对心脏极为不利。长期在噪声中，特别是夜间噪声环境中生活的冠心病患者，心肌梗死的发病率会增加。

研究还表明，噪声会使机体免疫系统处于麻痹状态。美国西雅图肿瘤研究所的专家进行了有关噪声致癌的动物试验。发现不受噪声干扰的白鼠患癌率仅为7%，而持续受噪声干扰的白鼠患癌率高达60%。专家又对白鼠进行癌细胞接种试验，3个月后发现，不受噪声干扰的白鼠癌细胞转移率为30%，而受噪声干扰的白鼠癌细胞转移率高达100%。

最后，噪声能使人对光的敏感性降低。实验表明，当噪声强度在90分贝时，40%的人瞳孔扩大，视物模糊；当噪声达到115分贝时，几乎所有人的眼球对光的适应性都有不同程度的减退。长时间处于噪声环境中的人容易出现视疲劳、眼痛、眼花和视物流泪等现象。

要避免噪音带来的以上各种危害，最根本的措施是远离噪声、减少噪声。住宅要尽量选择在安静的郊外或者离马路有一定距离的地带，尽量远离可能发出噪声的工厂和繁华街道、文化娱乐场所。在家庭装修上要利用声学方法减弱噪声，可采取双层玻璃窗，这样可减少一半外来噪声，特别是临街的家庭更要采取这样的隔声措施。要注意室内不同功能房间的封闭，而且墙壁不宜过于光滑，否则任何声音都会产生回声，从而增大噪声。在家具配置上，要科学利用吸声材料、结构来吸收噪声，可以多使用木质家具来吸收噪声，多用布艺装饰和软性装饰，在众多布艺产品中以窗帘的隔音作用最为重要。

其次，是严格控制家用电器和其他发声器材的音量和发声时间。家用电器要选择质量好、噪声小的产品，尤其是高频立体声音响的音量一定要控制在70分贝以下，即使用耳塞听音乐，时间也不宜过长。尽量不要把家用电器集于一室，冰箱最好不要放在卧室，尽量避免各种家用电器同时使用。如果邻居使用音响和乐器举办家庭娱乐活动，或者室内装修发出的噪声过大，影响了周围环境，可以要求停止喧哗、减低音响、避免振动；侵害方有义务停止侵害，防止噪声的产生。对于在生产、生活中排放环境噪声超过国家规定的标准，严重干扰其他人工作、学习、生活等正常活动的，可根据《中华人民共和国环境噪声污染防治条例》的规定，要求公安机关给予治安管理处罚。

最后，要注意调整饮食，多吃含维生素B_1、维生素B_2、维生素B_6和维生素C的食物及补充优质蛋白质，补充因噪声导致的体内维生素损失，减轻精神紧张和疲劳，保护受噪声影响的身体，提高在噪声环境中学习、工作的耐受力。维生素B_1、维生素B_2、维生素B_6主要来源于各种粗粮、花生、大豆制品、蛋黄以及动物内脏如肝、心、肾等；维生素C主要来源于水果，如山楂、鲜枣、橙、柠檬以及各种新鲜绿叶蔬菜；蛋白质主要存在于肉、鱼、虾、蛋、牛奶中。

拒绝噪声污染

噪声污染 影响他人

温
馨
的
环
保
家
居
大
全

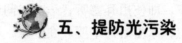

五、提防光污染

新的隐形公害——光污染

人的眼睛由于瞳孔的调节作用，在正常情况下对一定范围内的光辐射都能适应。但光辐射增至一定量时将会对生活和生产环境以及人体健康产生不良影响，这称之为光污染。发达国家的光污染十分惊人。在德国，光污染以每年6%的速度增长，意大利和日本的增长率估计为10%和12%。但由于各国对光污染尚无精确测量和统计，使得多达99%的人生活在光污染中还浑然不觉。目前，光污染尚未列入环境污染防治范畴，但其危害显而易见，并在加重和蔓延。人们在生活中应积极创造一个美好舒适的环境，避免过多、过长时间接触光污染，注意防止和尽量减少各种光污染对健康的危害。一般来说，视环境中的光污染可分为以下三种：

1. 室外光污染

现在很多建筑物使用玻璃幕墙、铝合金、釉面砖和马赛克装饰外墙，极易产生反光，而浅色建筑、磨光大理石和各种装饰涂料等，在强烈阳光照射下发生反射，明晃白亮、刺眼炫目，形成光视觉污染。专家研究发现，在白色光亮污染环境中，会造成人眼的角膜以及虹膜的伤害，抑制视网膜感光细胞功能的发挥，引起疲劳和视力的急剧下降。如果眼球长期受到损害，则会加速白内障的形成和视网膜的变形，白内障的发病率高达45%。还使人头昏心烦，以及失眠、食欲下降、情绪低落、身体乏力等类似神经衰弱的症状。另外，烈日下驾车行驶的司机遭到玻璃幕墙反射光的突然袭击时，眼睛受到强烈刺激，很容易诱发车祸。

"人工白昼"也属于室外环境污染的一种，夜幕降临后，繁华街道上的广告灯、霓虹灯闪烁夺目，令人眼花缭乱。有些强光束甚至直冲云霄，照耀如同白昼。生活在这样的"不夜城"里，扰乱人体正常的生物钟，夜

室外光污染

晚难以入睡，导致白天工作效率低下。"人工白昼"在严重影响人类正常的休息与工作的同时，也对城市植物、动物(昆虫、鸟类等)正常生存和生态平衡产生不利影响。

2.室内光污染

室内装修采用镜面、瓷砖和白粉墙，人们使自己置身于一个"强光弱色"的"人造视环境"中。而据科学测定：一般的粉墙光反射系数值为69%～80%，镜面玻璃光反射系数为82%～88%，特别是光滑的粉墙光反射系数高达90%，大大超过了人所能承受的适应范围。长期在这种反光条件下工作或生活，同样会使视网膜受到损害，使视力急剧下降，并发生失眠、沮丧等类似精神衰弱的症状。

其次，一些办公室和家庭在安装灯具时，不讲究合理配置，一味追求豪华、气派，把室内装点得灯火辉煌，从而造成了光污染。这些耀眼的灯光不但损害视力，还能干扰大脑中枢神经功能和影响健康。有资料显示，光污染会削弱婴幼儿的视觉功能，影响儿童的视力发育。有人在强光下会出现头晕目眩、失眠、注意力不集中、食欲下降等症状。长期在灯光下

室内光污染

生活的人，因足不出户，不见阳光，人体对钙的吸收大为减少，因缺钙所致的老年性骨折和婴儿佝偻病的发生率也日益增高。灯光和阳光在本质与强度上都存在着很大差别。自然光中含有许多不同的颜色和波长，而白炽灯颜色单调，时间一长容易造成视疲劳。荧光灯光线含有紫外线，能导致发生电光性眼炎。美国生物化学家安德森发现，长时间在荧光灯下生活或工作的人，每星期所接受到的紫外线辐射量要比不经常接受荧光灯照射的人多50%，他们皮肤癌变的概率也比正常人高。

3.局部光污染

书本、纸张以及电脑等常会造成局部视环境污染。特别光滑、洁白的书籍、纸张的反光系数高达90%，近距离读写无疑会损害视力；连续看几个小时电视、电脑，人的视力会下降达30%，而其光辐射也远远地超过了人体所能承受的范围。有关部门的统计数字表明，目前我国高中生近视率达60%以上，居世界第二位。以往人们将近视归因于用眼习惯不好，其实形成近视的最主要原因是视觉环境不良。

"彩光污染"危害更烈

典型的"彩光污染"常见于歌舞厅，这是另一类室内光污染。现代歌舞厅的旋转灯光、荧光灯以及闪烁的彩色光源对人体危害颇为严重。据测定，歌舞厅中的黑色灯可产生波长为250纳米～320纳米的紫外线，其强度大大高于阳光中的紫外线，如果长期受其照射，会诱发流鼻血、脱牙、白内障，甚至导致白血病和其他癌变。彩色光源不仅对眼睛不利，而且干扰大脑中枢神经，使人感到头晕目眩，人们会出现恶心、呕吐、失眠、注

彩光污染

意力不集中、性欲低下等症状。科学家最新研究表明，彩光污染不仅有损人的生理功能，而且对人的心理也有影响。"光谱—光色度效应"测定显示，如以白色光的心理影响为100，则蓝色光为152，紫色光为155，红色光为158，黑色光最高为187。人们如长期处在彩光灯的照射下，其心理积累效应，也会不同程度地引起倦怠无力、头晕、神经衰弱等身心方面的病症。有些豪华的歌舞厅还装有激光装置，据有关卫生部门调查和测定表明，绝大多数歌舞厅的激光辐射压已超过极限值。这种高密集的热性光束通过眼睛晶状体再集中于视网膜时，其聚光点的温度可达到70℃，这对眼睛和大脑中枢神经十分有害。它不但损害人的视力，还会使人出现头痛头晕、出冷汗、神经衰弱、失眠等神经系统的病症。

怎样防范光污染的危害

首先，建筑物装修要尽量不用玻璃、大理石、铝合金等材料，涂料也要选择反射系数低的。欧美一些国家早在20世纪80年代末，就开始限制在建筑物外部装修中使用玻璃幕墙，不少发达国家或地区也明文限制使用釉面砖和马赛克装饰外墙。而在我国，许多城市仍将玻璃幕墙等作为一种时髦装饰大量使用，导致城市的光污染源大量增加，这是一个必须正视的问题。

防光窗帘

温馨的环保家居大全

其次，室内装修要注意避免光污染，如粉刷墙壁使用米黄、浅蓝等浅色涂料来代替刺眼的白色涂料。要合理布置灯光，营造环保、健康、节能和精美舒适的"绿色"光环境：①根据不同的空间、不同的场合、不同的对象选择不同的照明方式和灯具，并保证恰当的照度和亮度；②根据居室空间大小、面积、室内高度等条件选择灯具；③要注意色彩的协调，即冷色、暖色视用途而定；④要避免炫光，以利于消除眼睛疲劳，保护视力；⑤光线照射方向和强弱要合适，避免直射人的眼睛。

第三，注意个人保健。如果不能避免长期处于光污染的环境中，每工作1小时左右要适当休息几分钟，坚持做眼保健操，在室内放置绿色植物以养眼；多参加室外活动，让身体沐浴在阳光下；还要定期去医院做眼科检查，以及时发现病情。生活中的一些细节也不要忽视，如出外郊游应戴上起保护作用的遮阳镜，白天开车时注意保护眼睛，如佩戴防强光的墨镜；在夜间开车时尽量少用大灯，以减少对反方向司机的刺激；青年人应尽量少去歌舞厅；购买书籍尽量买黄色纸张印刷的，以减轻视疲劳，或者采用一些特定颜色的薄膜覆盖在书本上，阅读时会使眼睛放松，不容易串行，还可明显地提高阅读效率；在卧室窗户挂上颜色较深的防光窗帘，以避免"人工白昼"的干扰；要限制每天看电视、电脑的时间，或者安装视屏防护膜、佩戴电脑电视专用眼镜。尤其是青少年更要提高自我保护意识，避免光污染，因为青少年的视觉神经正处在发育时期，非常容易受到损伤。

六、不得不妨的居室生物污染

看不见的室内生物污染

相对于装修等引起的空气污染而言，生物污染不太容易察觉，所以一般人都不太了解，也没有给予足够的重视。其实，由于现代人生活中越来

警惕室内生物污染

越不可缺少的空调，在室内形成了封闭的循环系统，再加上室内化学污染的增加和饲养宠物等原因，使得细菌、病毒、真菌等微生物在室内大量繁衍，生物污染正在严重影响着人们的健康。来自国内权威部门的最新消息称，22.8%的家庭日常物品表面细菌总数超过1000菌落形成单位／厘米^2，属重度污染，其中牙刷的污染最为严重，其次为浴缸、洗衣机，重度污染率分别为50.5%、33.3%和27.5%。而家庭日常物品大肠菌群的总阳性率为30.2%，其中抹布、砧板与菜刀的阳性率分别为61.8%，47.1%和32.5%。生物污染主要由细菌、真菌(包括真菌孢子)、花粉、病毒、生物体有机成分等造成。其中一些细菌和病毒是人类呼吸道传染病的病原体，有些真菌(包括真菌孢子)、花粉和生物体有机成分则能够引起人的过敏反应，严重危害人类的健康，导致人类患有各种呼吸道传染病以及哮喘、建筑物综合征等。迄今为止，已知的能引起呼吸道感染的病毒就有200种之多。加拿大的一项调查表明，室内空气质量问题，有21%是微生物污染造成的。

生物污染主要有5种

据有关专家的调查表明，目前写字楼和家庭中，室内生物污染因子主要有尘螨、真菌、军团菌、动物皮屑及具生物活性的物质、可吸入颗粒物等五种。

1.尘螨。 与蜘蛛同属一族的尘螨肉眼是看不到的。尘螨主要以人类脱落的皮屑及真菌为食，繁殖速度相当快，喜欢生活在阴暗、潮湿、温暖的环境中，枕头、床垫、被褥、地毯、填充式玩具以及厚重的布窗帘和衣物是它们的聚集地。空调的普遍使用，为尘螨的繁殖提供了有利条件。尘螨的排泄物颗粒、分泌物、死亡后的分解物以及它们蜕下的皮壳是引起人们过敏反应的主要物质，是过敏性鼻炎、过敏性哮喘、过敏性结膜炎、慢性荨麻疹以及特应性皮炎等最普遍的原因。其症状有打喷嚏、流鼻涕、鼻塞、鼻眼耳痒、咳嗽、气喘、全身皮疹等。我国70%～80%过敏性鼻炎是由尘螨引起的，过敏性鼻炎患者如不能有效地控制病情，其中40%的人可能发展为过敏性哮喘。

2.真菌。 是一种能在温暖和潮湿环境中迅速繁殖的微生物，室内通风不良、潮湿、闷热有助于真菌生长繁殖，使用空调增加了室内空气真菌污染的危险。其中一些还能引起恶心、呕吐、腹痛等症状，严重的会导致呼吸道及肠道疾病，如哮喘、痢疾等。

3.军团菌。 可寄生于自然水源、水暖设备和输水管道的内表面，并在冷却塔、水龙头、热水储箱和热水输送设施内繁殖。军团病潜伏期2～20天不等，其主要症状为发热伴有寒战、肌痛、头痛、咳嗽、胸痛、呼吸困难，病死率高达15%～20%，与一般肺炎一样不易鉴别。我国的一项调查表明，军团病占成人肺部感染的11%，占小儿肺部感染的5.45%。军团菌通过冷却塔、水龙头和淋浴喷头等传播，经空气的传播性很强，但目前尚未证实人与人之间的传播。军团病全年均可发生，以夏秋季为高峰，可能与空调的使用有关。老年人、吸烟酗酒者以及免疫功能低下者易患此病。

4.动物皮屑等。 近年来喂养

喂养的宠物

宠物逐渐成为一些居民的嗜好。但是宠物皮屑及其产生的其他具生物活性物质，如毛、唾液、尿液等对空气的污染也会危害人类健康。

5.可吸入颗粒物。　室内空气中可吸入颗粒物的危害，以前人们并未认识到，后来经科研工作者发现，细菌可以附着于细小尘粒在空气中飘浮，这种细小尘粒被接触者吸入即可传染疾病。所以国家《室内空气质量标准》规定每1立方米空气中可吸入颗粒物不能超过0.15毫克。

如何防止室内生物污染

经常清洗空调过滤网，更换吸尘器过滤绒垫，定期清洗或更换绒布玩具、地毯(严重过敏者不要使用地毯)、窗帘和挂毯等，不使用布艺沙发等，而使用木制家具、皮革沙发，卧室中不要摆放花木及过多书籍　，以减灭尘螨及其他过敏源。

注意个人和室内环境卫生，做到勤洗澡、勤换衣、勤剪指甲、勤理发和勤晒被褥、衣物，牙刷3个月左右换一次。书籍也要定期晾晒，防止发霉；勤打扫卫生、不要有尘土堆积的卫生死角。室内的垃圾桶要加盖，以免微生物飘散在空气中。玩具要勤于清洗、消毒；回家后要更换家居服。

保持室内空气流通、干爽，有空调的房间应经常开窗换气，清除能引致真菌滋生的水源或潮湿源头。

在厨房和浴室安装排气扇，将废气抽出到室外排放，并保持地面干燥。

碗碟等餐具清洗后要干燥处理，要按生、熟食品分别使用砧板与菜刀，抹布要经常蒸煮、灭菌，砧板与菜刀等要经常清洗、晾晒、消毒。

室内忌养飞鸟，因鸟粪中带有多种病毒、细菌，鸟粪被鸟踏碎以后，病毒与病菌便飞扬在空气中。要注意宠物的卫生，定期给宠物驱虫，接触宠物后要洗手。

冰箱内要定期擦拭，注意不要让冷凝水的托盘过满。可以在冰箱内放置冰箱除味剂，其主要成分为活性炭颗粒，还可吸附微生物。除味剂也要经常晾晒，以免成为新的污染源。冰箱中的食物一定要彻底加热后才

温
馨
的
环
保
家
居
大
全

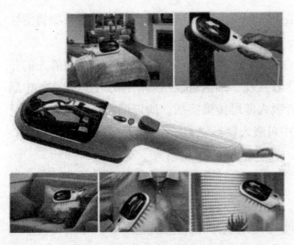

熨斗熨干衣物等减少真菌危害

可食用。

平时应保持洗衣机干燥，衣服洗完后，及时排空残留水，敞开机盖，直至干燥。洗衣服要做到内外衣分开洗，内衣先洗或者手洗，这样可以有效避免污染。清洗过的衣物要在阳光下晒干，或用熨斗熨干以减少真菌的危害。

居室适当的绿化，能改善室内环境，因为绿色植物有净化空气、除尘、杀菌和吸收有害气体的功用，如吊兰、虎皮兰等观赏植物。

定期对家庭环境、饮水与各种日常生活用品等进行预防性消毒，不过消毒固然重要，但不可矫枉过正滥用消毒剂，因为消毒剂都是化学试剂，对人体多少存在一些影响，滥用会导致环境中消毒剂过多，可能影响水生生物的生长，同时刺激微生物产生耐药性，使消毒越来越困难。在改善小环境的同时，千万不能损害共同生活的大环境。

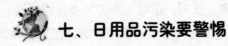

七、日用品污染要警惕

塑料制品污染

现在家庭内塑料制品比比皆是，人们很少对其毒副作用有所警惕，殊不知有些塑料制品含有有毒物质。塑料制品按其基本成分可以分为三类：

第一类是以聚乙烯和密氨等为原料，无毒，对人体无伤害。第二类是聚酯，有毒，美国航天及太空委员会研究发现，这是所有化合物中最易释放出有害气体的化学物质，像聚氯乙烯等，都已被证实为致癌物，尤其不宜用来包装食品。第三类是聚碳酸酯制成的器皿或奶瓶。用这些餐具盛装热水及油类时，会释放出酚甲

塑料制品污染

烷，人体吸收后，会使内分泌受到干扰。除此之外，许多塑料餐具的表层图案中的铅、镉等金属元素会对人体造成伤害。一般的塑料制品表面有一层保护膜，这层膜一旦被划破，有害物质就会释放出来。因此，消费者应尽量选择没有装饰图案、无色无味、表面光洁、手感结实的塑料餐具。消费者应挑选商品上标注聚乙烯和聚丙烯字样的塑料制品，比较安全。

中国台湾江哲铭教授认为，保鲜膜、壁纸、水管和玩具用品等，里面都含有为了加强塑料制品硬度所添加的可塑剂和氯乙烯等，这些东西应尽量避免接触油性食品或加热，否则会使可塑剂中的有害物质溶出。

另外，厨房用具最好选择耐高热的聚丙烯产品，比如微波炉专用的聚丙烯保鲜盖，在用微波加热时盖上，可以留住食物水分，也不会产生毒性；还应当避免在塑料罐里存放蜡、清洁剂等物品，因为这些化学气体蒸发，会穿透塑料材质，所以尽量买装在玻璃瓶中的油，以免油类与塑料产生化学作用。

日常生活中，人们几乎天天离不开塑料袋。许多商品、蔬菜、日用品等都用塑料袋包装，平时人们家里也总是备有一些塑料袋，以便使

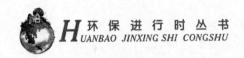
用。但很多塑料袋含有毒素，尤其是五颜六色的彩色塑料袋，其本身更是含有大量毒素。因为彩色塑料袋属于再生塑料袋，使用的着色剂也是一种致癌物质，而再生塑料因为工艺简陋等原因，其增塑剂在与食品接触时更容易渗出。

卫生球污染

樟脑丸

美国卫生部日前公布了新的致癌物名单，与前两年的老名单相比，增加了17种新的致癌物，卫生球就是其中一种。对于卫生球为何能致癌，中国疾病预防控制中心毒控制中心鲁教授解释道：卫生球的主要成分是萘，它会发出一种特殊的刺激性的气味，所以人们把卫生球也称之为臭球。萘是一种具有致癌性的化学物质。有资料证明，长期接触萘的人，有患癌症的危险，早在1993年我国已经禁止生产和销售萘丸。

被美国卫生部列为致癌物质的卫生球在我们身边还能找得到吗？实际上，目前国内各大超市、商场的防蛀虫产品基本都是樟脑球。樟脑丸和卫生球有本质的区别，樟脑球一般是从天然的樟树中提炼成的，具有驱虫、杀菌功效。在樟脑球外包装说明中，有的生产厂家明确标志"绝对不含萘"，而有的厂家则标有"低毒、儿童远离"等提示，也有的厂家虽然没有"绝对不含萘"的标示，但在使用说明里写着"对人体无毒无害，取出直接放在衣服或柜中，即防蛀防霉"。

但樟脑的浓度达到一定程度时也会危害健康，而家居使用的合格樟脑丸一般是安全的，但要防止小孩误食。

温馨的环保家居大全

中国疾病预防控制中心专家提醒消费者，由于萘的成本比樟脑低，一些不法分子有可能还会生产以萘为主要成分的"樟脑球"在小摊上销售，所以在购买防蛀产品时，最好到正规商场、超市里购买。

化妆品污染

现代生活中少不了化妆品，但化妆品中普遍含有重金属，对人体健康是有害的，如染发剂、指甲油等。

1.染发剂。染发已成为世界流行时尚，不仅很多中老年人染发，年轻人也将黑发染成各种颜色，图的是漂亮，可是染发在给人"增添春色"之时，却会给健康带来威胁。有专家指出，染发跟吸烟一样有害。

目前，市场上普遍使用的染发剂中都含有几十种化学成分，不少消费者在染发的时候，只选择染发剂的色泽和持久性，却忽略了染发剂的成分，更忽略了染发剂可能会对人体造成的伤害。长期使用这些染发剂，就可能会蓄积性中毒。此外，染发剂中的化学物质与人体某些细胞结合后，就会造成细胞核内脱氧核糖核酸受损，引起细胞突变，从而诱发皮肤癌、膀胱癌、白血病等疾病。因此在染发前，应先检查头部皮肤，有破伤、疮

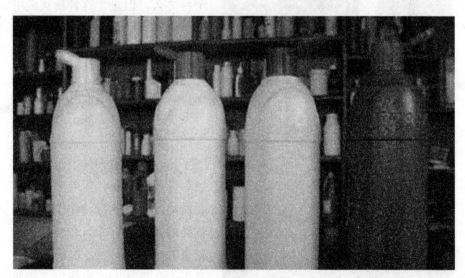

染发剂

温
馨
的
环
保
家
居
大
全

疖、皮炎者不宜染发；高血压病、心脏病患者及怀孕、分娩期间的人均不宜染发。消费者在购买和使用染发剂时，要注意产品包装上卫生部门的核准字号，并且选择使用说明清楚的染发剂。在染发前做一些试验，确定没有变态反应再使用。如果使用永久性染料，1个月最多1次，而半永久性染料则需间隔1周以上。消费者自己染发时必须戴上手套，避免皮肤直接接触染发剂。染发后要彻底将头发和头皮洗干净，冲洗时切忌用力抓挠，以免头皮破损而中毒或感染。

2.指甲油。一位女青年10多岁时就开始涂指甲油，结婚怀孕后，仍然天天涂。结果怀孕2次都流产了。经医生诊断，流产的原因竟是涂指甲油造成的恶果。所以说，长期染指甲的习惯也有害。

如今，美甲的方式和内容越来越丰富，已经成为许多女性美容项目中相当重要的环节。如涂指甲油、贴假指甲、指甲绘、水晶指甲等，尤其是最近在中国台湾掀起热潮的"水晶指甲"，吸引了大批的女性消费者。这种用类似透明补牙材料制成的假指甲，绘上彩色图案后，粘在打磨过的指甲面上，能够维持1～3个月之久。但是，这种新式美甲方法会妨碍甲缝及双手的清洁。因此，专家提醒大家注意以下问题：首先，色泽鲜艳的水晶指甲、彩绘指甲等虽为纤纤玉手增色不少，但同时也成了细菌的滋生地。戴上假指甲后，就算频繁洗手，也很难除去其中暗藏的污垢和细菌。其次，美甲店在制造美丽的同时，本身就存在着真菌传染的隐患。例如，在制作水晶指甲的过程中，剪、磨等动作都有可能在皮肤上产生伤口，如使

指甲油

用的工具没能经过消毒，就很容易把一些真菌传染给客人。其次，做假指甲要用化学有机溶剂，可能会引发某些人的变态反应。而一般的美甲小店不可能为顾客做测敏试验，所以很可能让顾客面临过敏引发的皮肤问题。可见涂指甲油也要慎之又慎，以防染病。

洗涤剂污染

为了厨房、厕所的卫生，使用清洁剂是日常之举，但是使用过多、过滥或不当，却有害人体健康。尤其高效消毒剂对人体更有危害，应少用慎用。因为目前许多生产洗涤剂、洁厕剂、洗衣粉的厂家，为了迎合消费者的心理，在产品中添加荧光增白剂，衣物洗后显得雪白干净。然而，荧光增白染料进入人体后，与体内蛋白质迅速结合，很难排出体外，会给肝脏增加负担，而且对皮肤极易产生刺激性，尤其对女性造成的潜在危害更大。洗衣粉、厨房清洗剂、洁厕剂、空气清新剂等既是家庭卫生清洁工，也是损害人类健康的杀手。如有一种皮肤病为"家庭主妇型湿疹"，医学上一般称之为掌跖角化症，其致病元凶就是清洁剂。这些清洁剂清洗污物

氯氟化碳

的同时，也能去掉皮肤上的天然皮脂，对皮肤形成不良刺激，导致皮肤失去水分、干燥皲裂和致癌。另外，许多生产厨房清洁剂、空气清新剂的厂家，以气雾剂作为其产品形式，其中大都使用了国家有关部门新近明令禁止的人工合成化学品——氯氟化碳作为推进剂。这类物质排入大气层后将破坏臭氧层，对于一些过敏体质和有哮喘病史的病人会产生严重的不良刺激，并成为人类患皮肤癌和白内障的诱因之一。

专家建议，对于高效消毒剂一定要慎重使用，一般家庭使用低效消毒剂即可；用清洁剂清洗餐具等物品，一定要用清水充分洗净；成人衣服使用洗衣粉后，要用自来水冲洗干净；婴幼儿的尿布、内衣等以民用肥皂清洗为佳。

第五章

低碳装修，绿色家居生活第一步

一、不可不知的低碳环保家居设计

了解绿色环保设计

20世纪80年代，绿色设计的理念正式在全球范围内提出，并迅速在各设计领域得以重视和发展，在家居设计装修方面也有了很大突破。所谓的绿色、环保设计，就是不拘泥于特定的技术、材料，而是对人类生活和消费方式进行规划，在更高层次上理解产品和服务，突破传统设计的作用领域去研究"人与非物"的关系，力图以更少的资源消耗和物质产出保证生活质量，达到可持续发展的目的。

绿色环保设计要遵循的原则

1.环保设计无害化原则。无害化原则是指室内对环境的无害与装饰物对人的无害化。其表现在室内设计之前应进行环境评估，即该设计建成后对周围环境的影响。对于可能产生的负面影响应采取哪些措施进行补救。其次是装饰物对人的无害化，主要体现在装饰材料上(家具、电器、陈设用品、装饰材料与施工工艺)。前一段时间，北京已出现用户对装修单位运用不合格的材料装修造成人身伤害提出诉讼的案例，还有"小儿

环保家具装饰

环保进行时丛书
HUANBAO JINXING SHI CONGSHU

白血病与室内装修材料有关"、"婴儿畸形与装修污染"等报道的出现都应使所有的室内设计人员引以为戒。这些案例一方面使人们迫切盼望真正绿色环保材料的早日出现，另一方面，从现阶段国情来讲，材料的完全无害只是相对概念，该装饰的还是要装饰，但对室内设计师来讲，必须做到心中有数。

2.环保设计生态化原则。室内绿色环保设计原则包括对生态平衡的维护。对各种自然资源的节约利用，具体反映在循环性、重复性、智能性与功能性上。循环性是构成生态学的重要部分，应用到室内设计上，即要求设计师在设计时尽可能贯彻循环性原则，有效合理地利用自然资源，减少对自然的破坏，例如水资源的循环利用。重复性是指尽量重复利用一切可以利用的建筑装饰材料，从而降低消耗。智能化是未来建筑及室内设计的发展方向，这类科技建筑在国外发展迅速。智能化即利用调整数据网构成综合布线系统传输各种信息，进行各种智能控制。功能性是指室内一切功能性设施都可体现绿色环保生态平衡的原则，如绿色环保水槽、油烟处理器、玻化砖、釉面砖与节水易擦洗的墙体材料等等。

室内绿色环保设计

3.环保设计节能化原则。室内绿色环保设计的科技含量重点体现在节能化原则上，并表现在土地的空间利用、能源的利用与新能源的开发与利用的几个方面上。土地空间的合理利用对我国人多地少的状况而言具有现实意义。土地自然资源的节约，不仅表现在对土地占有量少这一方面，还应体现在土地单位面积空间合理利用上，这可以有效提高土

温馨的环保家居大全

地的价值，降低土地自然利用成本。如传统生态节能建筑的窑洞、穴居方式及构木为巢的巢居形式，将再度成为建筑及室内设计的研究对象。能源的利用率是指提高能源的利用效率，减少不必要的浪费。目前我国在能源利用率上远远落后于发达国家，这与我国科技水平、生产工艺落后有密切的关系。这不仅仅是建筑与室内设计自身的事情，也是全社会共同的事情。新能源新材料的开发是绿色环保的出路，而新材料新技术的开发利用，特别是可重复使用材料的开发利用对不可重复材料的替代，对构筑绿色环保建筑及环境具有重大意义。

确立绿色环保设计意识

确立绿色环保设计意识是进行绿色家居装修的前提。绿色装修是一个完整的过程，包括绿色环保设计、绿色饰材使用、绿色环保施工三个环节。要完成这个过程，实现绿色装修，首先就要树立起绿色环保设计意识，并且将这个意识贯穿始终。

绿色家装设计意识要求在装修时要本着安全性、健康性、舒适性、经济性的原则。安全性是首位的；其次是健康性，就是设计出来的家居环境是一个对身体健康有利的自然环境，不产生或少产生对身体健康有害的污染，同时能满足特殊人群(残疾人、老人等)的正常居住生活。家装中为保证其健康性一般要做到以下几点：确保良好的自然条件；建立良好的家居自然环境；控制室内环境污染。再次为舒适性，主要取决于它满足人的物质与精神两方面需求的程度。前者就是在功能上满足家庭生活的使用要求，并提供一个使人体感到舒适的自然环境。后者则是创造出一种和家庭生活相适应的氛围，使家居具有一定的审美价值，并且通过联想作用，使其具有一定的情感价值。最后是经济性，即要树立用最经济的方式达到同样效果的理念。家庭装修往往会消耗大量的社会财富，经济性原则的树立就会节省很大部分资源，从而达到节约的目的。

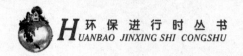
二、低碳装饰装修需注意的五个环节与理念

低碳装饰装修工程主要包括装饰装修工程的总体设计、施工工艺、施工管理、材料的选择、家居产品的选择和使用五个环节。

1.注意工程设计。设计是低碳装饰装修的基础，在设计中不但要注意美观，更要注意绿色、环保、安全和节能。例如通过控制室内空间承载量，解决室内环境污染问题。

设计的节约是最大的节约，设计的浪费是最大的浪费。把好设计关，是做好室内装饰工程节约工作的首要环节。室内设计要体现"经济、适用、美观"的原则，特别是室内设计师应遵守《中国室内设计师专业守则》，贯彻可持续发展的方针，以自己的专业特长维护人与自然的和谐发展，促进生态环境的平衡、资源的节约与再生，把节约资源作为一项重要设计原则，并把节约资源同提高室内环境质量统一起来，坚持以人为本的理念，提倡节约、环保型的"绿色设计"，为人们营造安全、健康、自然、和谐的室内环境。要坚决克服目前存在的不分场所、不分对象、不顾条件、忽视功能、盲目攀比的现象。

2.注意施工工艺。选择合理、先进的施工工艺，可以有效地减少材料的消耗和能源的浪费。例如尽量选择工厂化的施工工艺，对传统施工工艺进行科学的改革等。"薄贴法"等新工艺把节约、环保做到了极致。与传统贴砖工艺相比，"薄贴法"除了在用料上节约外，使用的成品胶粘剂的强度是普通水泥砂浆的2～4倍，彻底解决了"空鼓、掉砖"的问题，更能为业主扩大厨房、卫生间的使用空间。

3.注意施工管理。加强施工现场的物料管理，能源消耗管理和环境管理，减少材料和能源的浪费，也是控制装饰装修工程中的碳排放的重要一环。

4.注意装饰装修材料的选择。低碳不仅表现在我们选择的材料本身是环保和安全的，而且还要注意其在使用生产过程中的碳排放和对环境的污染情况。比如控制和减少铝材和实木材料的使用，注意选择符合节能要求的材料等。

5.注意家居产品的选择和使用。通过装饰装修工程为低碳生活打下一个良好的基础，同时人们还要注意家具的选择、太阳能设备的利用和家用电器的选择等。比如选择具有自动断电功能的饮水机，可大大降低电的消耗。

（一）低碳装饰装修应该包括哪些方面的内容

低碳装饰装修是一个完整的过程，它包括绿色环保设计、绿色饰材使用、绿色环保施工这三个方面的内容。

1.绿色环保设计。人们对居室环境的身心感受主要包括对视觉环境、听觉环境、触觉环境等的生理和心理上的感受。在钢筋水泥构建的都市中，人们往往感觉缺少人情味。人们渴望温暖，渴望回归自然，渴望自由、舒适、健康的生活。对于居室设计来说，人们需要绿色设计。居室设计是在房型固定的客观条件下进行装修的全盘谋划，这是实现装修目标的关键一环。在这一阶段将环保、生态要求作为设计考虑的基础，才能保证装修过程和装修结果都实现"绿色环保"。进行绿色环保设计，首先要注意空气流通，尽量使各个角落都能进入新鲜空气，千万不要在门窗附近设置隔断物，以免阻隔空气流通；对于厨房、卫生间等，要设计排风设备进行强制换气。再就是采光、布灯、色彩等的搭配。最后是家具、装饰品等的组合。精明的设计师还会在最恰当的位置设计"室内庭园"，山水花竹尽显姿色，给人一种轻松和谐的感受，体现情趣和品位，烘托出家庭的亲情氛围。

2.绿色饰材使用。绿色饰材指其在生产制造和使用过程中，既不会损害人体健康，又不会导致环境污染和生态破坏的健康型、环保型、安全型的室内装饰材料。一般来说，装饰材料中的大部分无机材料如龙骨及配件、普通型材、地砖、玻璃等传统饰材是安全和无害的，而有机材料中部分化学合成物则对人体有一定的危害，它们大多为苯、酚、蒽、醛及其衍

生物，具有浓重的刺激性气味，可导致各种生理和心理疾病。目前市场上不少刨花板、胶合板及复合地板使用了含有甲醛的黏合剂；油性多彩涂料中甲苯和二甲苯的含量要占20%～50%。这些物质会在室内不断挥发，如果空气流通不畅，其浓度就会不断增大，会给人的健康造成严重损害。

3.绿色环保施工。即在室内装修的过程中，时时牢记现代绿色环保意识，各个工序均考虑环境保护和对人体健康的影响，而不是一味考虑豪华。这样，自己和家人的健康才会得到很好的保护。

（二）国家关于装修材料和产品的节能标志

节能标志是一种产品的证明性商标。它表明该产品不仅与其他产品具有相同的使用性能，而且具有节约资源和能源的优势。节能产品认证是指依据国家相关的节能产品认证标准和技术要求，按照国际上通行的产品质量认证的规定与程序，经中国节能产品认证机构确认并通过颁布认证书和节能标志，证明某一产品符合相应标准和节能要求的活动。中国节能产品的最高权力机构是中国节能产品认证管理委员会。该管理委员会由国家经济贸易委员会、国家发展计划委员会、科学技术部等有关部门的领导及专家组成，是国家最高规格的节能产品认证领导机构。

中国节能产品认证中心(简称：CECP)是中国节能产品认证管理委员会的下属专设单位，是我国负责管理和实施节能产品认证的唯一机构。

（三）绿色建筑有哪些室内装饰装修节能要求

当前，我国很多建筑在建造和使用过程中的资源、能源浪费问题十分突出。根据有关数据显示，我国目前50%左右的能耗来自建筑。中国对建筑节能的要求也相当急迫：到2020年所有城镇的建筑节能率全部要达到65%。

为推进建筑节能，国务院和有关部门已先后颁布《民用建筑节能条例》、《民用建筑节能管理规定》、《民用建筑节能设计标准》（JGJ 26-1995）、《夏热冬冷地区居住建筑节能设计标准》（JGJ 134—2001）、《夏热冬暖地区居住建筑节能设计标准》（JGJ 75—2003）、《公共建筑节能设计标准》(GB 50189—2005)等法规和标准，并要求各级政府和主管部门对以上法规和标准的执行情况进行监管和落实。此举虽收到一定成效，但总体形势不容乐观。因此，大力推进节能减排是贯彻落实科学发展观、构建社会主义和谐社会的重要举措，也是推进经济结构调整、转变发展方式、实现经济和社会可持续发展的必然要求。绿色建筑的目标在于实现节能、节水、节地、节材，保护环境和减少污染，更注重人的舒适以及人与自然环境的和谐相处，代表了现代建筑的发展方向。

（四）解决低碳装修难题的五项措施

尽管低碳装修发展还存在诸多障碍，但是它仍是未来城市地产业的发展方向。为保证其健康发展，要从以下五个方面进行加强。

1.政府推动。应通过更多强制性规范及鼓励政策推进低碳装修发展。从英国、美国等低碳装修推行较成功的发达国家的情况来看，在低碳装修发展的起步阶段，政府的推动和扶持是重要手段。英国、美国政府为支持低碳装修发展，纷纷为低碳装修的评估和实践提供财政支持和税收优惠政策，减少开发商和住户的额外支出，促使低碳装修被社会广泛认可。因此，建议政府在这方面尽快制定鼓励科技创新、节能减排、使用可再生能源的政策，并出台减免税收、财政补贴、政府采购、绿色信贷等措施。

2.装饰行业执行。加快低碳装修行业标准体系的建立。从英国、美国、日本等低碳装修推行较为成功的国家的情况来看，他们都有一套科学、完备、适合本国甚至世界的低碳装修评估体系。我国虽然也出台了一些标准和技术细则，但是仍存在部分项目为评级、评星而建的现象。在评估体系的标准制定上，应坚持指导与强制、理论与实际相结合的原则；在国家层面上，应规定低碳装修应该达到的总体要求，提高相关节能技术标准，严格最高能耗标准；在执行层面上，结合当地气候、资源、经济以及社会文化特点，由地方管理部门因地制宜地制定评价标准，中央管理部门对其进行论证和评估。

3.装饰企业、开发商应该主动推广低碳装修。从目前影响低碳装修推广的原因看，房地产企业应该承担更多责任。在地产开发建设中，开发商

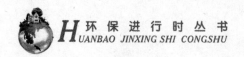

温
馨
的
环
保
家
居
大
全

应该主动使用低能耗、低排放的建材和太阳能光热、光电等新能源，加强中水循环利用，做好建筑的内外墙保温和通风采光等。目前，低碳装修的开发成本每平方米只比传统地产增加200～300元，这对于开发成本来说，只占很少的比重。只要设计合理，低碳并不一定等于昂贵。

4.技术攻关破解技术难题，使低碳装修向平民化发展。北京、江苏、安徽等地的节能实践表明，低碳装修和节能技术走向平民化，是完全行得通的。如果开发商严格选用材料，设计好采光、通风等，业主就不需要过多装修。减少了装修活动，也就减少了碳排放。日本在20世纪90年代提出了"与环境共生地产"的概念，提倡选用太阳能供电系统、分区空调系统、智能照明系统、水回收系统等与环境相协调的装置，成本并不高。

5.装饰装修工业化，降低碳排放。地产产业化是欧美等发达国家流行的一种房屋开发方式，楼梯、墙体、外墙面砖、窗框、卫生间等都可以标准化、批量化生产，然后在现场进行拼装。实施"工业化地产"后，建筑垃圾减少83％，材料损耗减少60％，建筑能耗碳排放降低50％以上。因此，必须实现地产工业化，大力推广太阳能、地热能，利用节能墙体材料，并通过地产部分部件的标准化、工业化生产，促进地产业的可持续发展。

三、正确理解低碳装修、低碳家具和低碳生活

低碳不只是一个理念，它在我们的生产、生活中可以随时随地体现，并可以被人们做到。只要我们从思想上注意了，低碳可以融入生活中的各个方面。

低碳装修——低碳装修其实与装修界提倡的"轻装修，重装饰"理念是一脉相承的。专家建议家居装修时，应尽可能少改结构，少用花哨装饰，让空间达到合理的舒适度。在装修过程中尽量购买可灵活挪动和反复

使用的成品家具，减少固定家具的制作。去除华而不实的装饰，家居空间会变得更加清爽简约，这就是低碳装修所追求的效果。低碳装修提倡环保、健康、节能。据调查显示，随着人们对居住环境要求的提高以及对自己健康的关注，88%的受访者愿意在可以承受的范围内多掏钱购买环保材料，并参与到低碳装修的行列中。

低碳家具——提到低碳家具，很多人会想到网络上正盛传的纸家具，其实它只是环保家具中的一种，毕竟有些时候纸家具的使用并不是很方便。其实低碳是强调环保的一种说法，平时所用的家具只要将国家要求的指标全都达到，就做到低碳了。利用我国特有的竹子生产的现代家具已成为低碳家具的代表。

低碳生活——居室装修完了，家具安置妥当，那么接下来就是日常生活了。低碳生活要求每个人都要从节电、节油、节气这些身边的小事做起。低碳行为也会为我们省下不少钱，一台5级能效的冰箱每天的耗电量接近2度，一台1级能耗的冰箱每天最低耗电量只有0.4度，仅此一项，一年的电费差额就可以达到数百元。把普通的淋浴喷头换成节水型的淋浴喷头，每次洗浴可以节约至少10L水。

（一）正确理解低碳生活与家居装饰装修的关系

"低碳生活"是个新概念，"低碳"是一种生活习惯，是一种自然而然地节约身边各种资源的习惯，对于普通人来说是一种态度，而不是能力。一切节电、节水、节油、节气、环保、减排的行为都是"低碳生活"的行动，而这些节能减排的生活习惯必须通过系统教育才能固化在人们的意识里，体现在公众的日常行为中。

由此，我们应该广泛普及低碳生活知识，最好把低碳生活知识教育纳入到教育体系和政治学习中去，利用多种方式进行低碳生活教育，唤起人们低碳生活的自觉性，让人们把低碳生活作为一种习惯与美德。

住宅装饰装修工程的节能和环保已经成为千家万户关注的问题。随着"低碳"概念日益深入人心，它也成为建材、装修企业的一个重要指标。

低碳家居是一个趋势，谁能抓住并引领这一趋势，谁就能在今后的市场竞争中占据主动地位。未来的市场竞争中，只有低碳环保的装修和绿色节能的建材才能更好地满足消费者的需求，赢得社会的认可，适应未来的发展。

(二)低碳装修应该具备哪些基本特征

目前，低碳装修已经成为房地产业的热门话题，但究竟何为低碳装修，还有很多人甚至业内人士并不清楚。低碳装修具备以下特征。

1.低碳装修设计更为合理。低碳装修应该特别考虑利用高科技手段模拟居住环境，减少能源消耗。通过软件模拟优化室内外的微气候环境，通过合理的总体布置，调整建筑朝向和各栋之间的位置、距离，使每栋建筑都拥有较好的日照和通风效果。

2.低碳装修更节能节水。与其他的环保地产概念如"绿色地产"、"可持续地产"等相比，低碳装修更强调能耗带来的二氧化碳排放量问题。因此，低碳装修是通过房屋建材总量的减少与类别选择来减少碳排放，如木材比钢材更能减少二氧化碳的产生。水的节约利用，如自来水生产、废水处理都会增加二氧化碳排放，所以提倡节约和循环用水。

3.低碳装修是一项系统工程。低碳装修是由低碳概念、低碳技术、低碳运行和低碳引导组合成的一项系统工程，并非只是在技术层面实现低碳。一个项目在技术上再低碳，如果业主没有低碳概念，那么项目为实现低碳而付出的所有成本都将被浪费。因此，应该从房地产开发、规划设计、建设、营销推广、媒体传播等各方面大力推广低碳发展理念，建立低碳发展机制。

(三）怎样让低碳产品融进家居装饰生活

低碳不仅仅是一种概念，更与大众生活紧密相关，低碳生活从哪开始?就在我们的生活的点点滴滴中。有心人提出如下小窍门。

1.自制简易中空玻璃。把透光率好的塑料布附着在窗户上，注意不要让其贴上玻璃，就可以使其变成简易中空琉璃，让住在房间的人可以温暖过冬。

2.旧地板再生使用。把已经使用的木地板用机器打薄了一层，再重新涂一层地板油，整个地面便焕然一新了，此项工程造价约为40元／m²。

3.节水面盆。在面盆底部设置两个排水口，其中一个与水箱外的下水道相通，可直接排走不干净的水。而其余比较洁净的水可通过更换面盆的放水结构直接将其储存在水箱里，与马桶连接用以冲洗马桶。

4.太阳能台灯。在玻璃瓶里面安装一小块太阳能板并连接一只LED灯泡，白天太阳能板吸收太阳能并直接转化为电能，天黑时供LED灯使用。

（四）绿色装修

要理解绿色装修，首先要了解什么是绿色。绿色代表自然、天然、非人工，进而引申为安全的，有益于健康的、环保的意义。

人们对于绿色产品有一个认知的过程。科学技术的发展使得人们可以用人工合成的方法，生产出许多用于制造生产、生活用品的材料，以代替那些传统的取材于自然的天然材料，如用涤纶、化纤类产品代替棉布，用人工板材代替原木，用各种塑料代替传统的纸张、木料、金属等。

由于人工合成的材料在某些性能上表现出优于天然材料的特征，因此，这类产品便以其"价廉物美"而很快占据了市场并成为市场上的"宠儿"。然而，随着人们消费实践的增加，人们对人造材料的真面目有了比较全面、科学的认识。如20世纪60年代的中国市场上，一条涤纶面料的裤子比棉质的裤子贵十几倍，而现在情形正好相反。对于这些形形色色的人造品，人们逐渐发现它们那些隐藏于华丽外表下的种种弊端。如涤纶面料的服装，其透气性、保温性、舒适度远远不如棉质服装。不仅如此，这些人造品含有程度不同的有毒物质，成为危害人们健康的隐形杀手，是一种新的污染源。

正是在这种背景下，人们又重新把目光投向大自然，"绿色"不仅应运而生，而且应时而红。

所谓的绿色装修就是以人为本，在环保和生态平衡的基础上，追求高品质生存、生活空间的活动。要保证装修过的生活空间不受污染，且在使用过程中不对人体和外界造成污染，这里所说的污染是指空气污染、光污

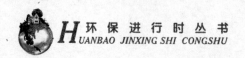

染、视觉污染、噪声污染、饮水污染、排放污染等。

简言之，绿色装修应符合环保、健康、舒适、美化的标准。

(五)绿色的室内环境是什么样的

首先，在设计上，力求简洁、实用；尽可能选用节能型材料；注意室内环境因素，合理搭配装饰材料；充分考虑室内空间的承载量和通风量，提高空气质量。

其次，在工艺上，尽量选用无毒、少毒，无污染、少污染的施工工艺；降低施工中粉尘、噪声、废气、废水对环境的污染和破坏；合理处置建筑垃圾。

最后，在装修材料的选择上，严格选用环保安全型材料，如选用不含甲醛的胶粘剂，不含苯的油漆和涂料，不含甲醛的大芯板、贴面板等；要尽量选用资源利用率高的材料，如用复合材料代替实木；选用可再生利用的材料，如玻璃，铁艺件等；选用低资源消耗的复合型材料，如塑料管材、密度板等。

因此，所谓绿色室内环境主要是指无污染、无公害、可持续、有助于消费者健康的室内环境。在室内环境的设计和装饰中，不仅要满足消费者的审美需求，还要满足消费者的安全和健康需求。

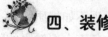

四、装修"法宝"面面观

装修前需要知道的常识

关于卫生间　卫生间与水最有关系，这里要提醒三点：第一，地漏问题。地漏因为经常要自然排水，因此一旦地砖铺得稍微高一些，就会影响排水。第二，下水问题。马桶、浴缸、洗衣机等往往使卫生间拥有4～5个下水口，如果这些下水口不能很好地处理，容易造成下水堵塞。因此，在装修的时候，施工单位要解决好这一环节，避免留下后患。第三，地面问题。卫生间往往比室内地面高出一些。装修时可以在卫生间门口做个挡水条。

关于厨房　厨房较关键的是烟道和整体橱柜的装修。第一，在铺设墙砖的时候有可能将烟道堵上。第二，有些橱柜厂家很不专业，在橱柜内部上下水管道衔接上容易出现问题。比如洗菜池自带下水，有时因为软管高度问题解决不好，就会造成排水不畅。

卫生间

关于墙砖　地砖容易出现脱落、空鼓等现象。在铺墙砖、地砖的时候，要注意水泥砂浆不要太湿，刚刚铺装完的地砖不要马上让人走动。另外，家里贴墙砖时，砖与墙面之间一定要有缝隙，如果没有缝隙，由于受力等原因，时间长了，墙砖容易脱落。

关于灯　家里装修时灯应尽量多一些，多一些灯可以提高不同区域灯的使用率，也能节省能源。还要提醒的是，灯光一定要适合室内氛围，比如客厅最好使用柔和一点的灯光。

家装设计的十种形式

对比　对比是把两个明显对立的元素放在同一空间中，如方圆、新旧、大小、黑白、深浅、粗细等等。经过设计，使其既对立又协调，既矛盾又统一，在强烈反差中获得鲜明对照，求得互补和满意的效果。

和谐　和谐是在满足功能要求的前提下，使各种室内物体的形、色、光、质等组合成为一个非常和谐统一的整体。

对称　对称分为绝对对称和相对对称。上下、左右对称为相对对称，同形、同色、同质对称为绝对对称。

均衡　均衡是依中轴线、中心点不等形而等量的形体、构体、色彩相配置。

层次　室内设计要追求空间层次感。如色彩从冷到暖，明度从亮到暗，纹理从复杂到简单，造型从大到小、从方到圆，构图从聚到散，质地从单一到多样等。

呼应　在室内设计中，顶棚与地面、桌面或其他部位，采用呼应的手法，再进行形体的处理，会起到对应的作用。

延续　如果将一个形象有规律地向上或向下，向左或向右连续下去就是延续。这种延续手法运用在空间之中，使空间获得扩张感或导向作用，还可突出重点景物。

简洁　简洁或称简练，指室内环境中没有华丽的修饰和多余的附加物。以少而精的原则，把室内装饰减少到最低程度。

独特　独特是突破原有规律，标新立异引人注目。独特是在陪衬中产

室内设计要追求层次

生出来的，是相互比较而存在的。

色彩 在室内设计中，可选用各类色调构成，色调有很多种，一般可归纳为同一色调、同类色调、邻近色调、对比色调等，在使用时可根据环境不同灵活运用。

优秀房型的设计特色

功能分区要合理 住宅的使用功能一般分如下几个区：公共活动区，如客厅、餐厅、门厅等。私密休息区，如卧室、书房等。辅助区，如厨房、卫生间、储藏室等。这样分区，在平面设计上应正确处理这三个功能区的关系，使之使用合理而不相互干扰。

房间间隔分布要讲究 从各房间的大小来看，较理想的卧室面积应在12～15平方米之间，较理想的客厅面积在21～30平方米

房间间隔分布要讲究

之间，卫生间、厨房、健身房、储藏室各占5～8平方米，阳台占5～6平方米。这样的面积分配，基本保证了功能的安置。

重视客厅的设计 客厅设计中最大的禁忌是所有房间绕厅布置，造成开门太多，完整墙面少。由于通行路线交叉穿越，不利于厅内家具的布置和使用，也影响了休息区的私密性和安静。

厨房、卫生间的功能和面积 厨房除了加大面积之外，还应注意功能的开发和室内环保，考虑冰箱、微波炉等物品的位置。厨房、餐厅、小阳台采用"三位一体化"设计，好的厨房带有一个2平方米左右的服务阳

温馨的环保家居大全

台。厨房与餐厅联系方便，便于家庭什物放置在小阳台上，也便于厨房操作人与用餐人交流。卫生间的设计，现在是向两个方向发展。一是设置双卫生间，通常是一间供主人卧室专用，一间公用。二是洗漱与厕所分开，保证了清洁卫生。

其他功能　"玄关"就一般城市住宅而言，这一小块区域所构成的过渡空间，对增加住宅的实用性十分必要，因为它为人们进出家门时换鞋、挂衣、存雨具、放包等提供了方便。

储藏功能　可以是单独的储藏室，也可以在卧室中设计嵌入式的壁橱。既可堆放什物，又可保持房间整洁。

健身器材的摆放　有条件的，可以专设健身房，或置于较大的平台上，尽量提供一个能活动的空间，为家庭室内健身运动提供方便。

室内设计的六大守则

客厅守则　客厅的最佳位置是在进门的对角线方位，这是视觉上的最佳方位，有利于访客的视觉感受。客厅采光条件必须良好，灯光也应明亮。

卧室守则　卧室讲究安定性与隐秘性。床尽量不要贴地，因为易藏湿气不通风，床也不可过高，若坐起时脚不着地，则没有安全感。床头柜以圆形为佳，以避免柜角横冲头部。另外，床不宜近强光，否则易使心境不宁。

餐厅守则　餐厅自身的方向最好设在东南方，如此一来，在充足的日照之下，会使人食欲大增。

门窗守则　大门口空间应该宽广开阔，光线要明亮充足。窗户的设计应该以能让屋内空气对流为重点，这样，屋内的空气才会流通，居住其内的人才能健康平安。

照明守则　用电灯照明，表明采光照明强度的单位叫勒克斯。一盏25瓦的电灯，距桌面0.5米时，桌面上的照明强度为50勒克斯。由于人们活动内容不同，对光照度的要求也不一样：一般楼梯过道只需要10勒克斯，卧房也只需要25勒克斯，但看书时就需要100勒克斯。此外，房间照明安排，在灯具选择上很有讲究，如层高为2.7米的房间，适宜安装吸顶灯或者吊灯，再配上橄榄罩、菱形罩，能使光度适中，光线平和，视野开阔。

色彩守则　房间的色彩能直接影响到人体的正常生理功能。比如房间的颜色能影响人们的视力。房间的颜色跟食欲也有很大关系，黄色和橙黄色可以刺激胃口，能增进人的食欲。房间的颜色还会影响人的睡眠。一般说来，紫色有利于人们镇静、安定，能使人尽快进入梦乡。有的人将卧室漆成五颜六色，色彩非常鲜艳，这种色调能使人兴奋，对于卧室来说不适宜。厨房、卫生间可用灰色，使环境的光线更加柔和。书房采用浅绿色，会给人以宁静舒适的感觉。

家具设计照明守则

装出绿色新居小窍门

所有家具全封边　家具尽量全部在家具厂定做，并全部封边，这样就把甲醛封在了里面不会跑出来，家具的板材也要选择双面板。买建材一定要去正规的大型建材市场，少用复杂材料。

地板下铺活性炭　新居客厅宜铺复合地板。因为在客厅招待客人，可能会有水洒到地板上。不要尽量在复合地板下面铺大芯板，可铺一种叫铺垫宝的东西，还可以铺活性炭，好处是隔凉又隔潮。

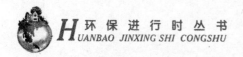

节能窗户墙上安　这种窗户是上旋窗，真空玻璃，有金属条，上面还有隔热断桥铝。夏天可隔热，冬天可保温。开窗时不用动窗台上的东西，通风方便，空气从高处走，也不会吹到房间里的人。安了这个窗户后夏天家里可少用空调。

浴室省水窍门多　新居最能体现节能的是卫生间的设计，可以同时安装淋浴器和盆浴器。安装两个洗澡用具是为了先淋浴，然后到浴缸里泡澡，这样浴缸里的水还可用来洗衣服、冲马桶、拖地、浇花。

太阳能烧水省能源　现在许多家庭卫生间、厨房使用热水都用的是太阳能装置。太阳能使用特别方便，只要有阳光就行，冬天室外温度即使只有$-10℃$，水温也能达到$40℃$。

装饰灯泡不通电　新居顶棚上安装了一些灯但都不亮，这些灯都没通电，只是为了装饰，使用的全部是节能灯泡，每个房间也没安落地灯、壁灯。有的家庭在一间卧室里就装了6个灯，不但浪费，而且安全的隐患也增加。

节约材料合理用　装修要节约使用各种材料。如厨房的橱柜，就可以把后背板省略了，后面直接就是瓷砖。这样不仅节约材料，而且避免了后

节能窗户安装

背板有味、易生虫、受潮等问题。装修前应该事先量好需要多少建材，合理安排。

五、装修应该注意的事项

装修中应注意的二十个问题

1.装餐厅吊灯时，一定要有人远距离看一下长度。

2.与门套连接的墙容易裂，要处理好。

3.铺不完的砖不要急着退，以防需要换时却不能配上一样的。

4.瓷砖花砖的位置一定要事先确定好，标明位置后让工人贴。

5.贴好的每块砖，隔天后一定要用加注法敲击，看有没有空，等住进去了，再换就很麻烦。

6.门做喷漆时可以把合页先摘下来，免得把合页弄脏或弄坏了。

7.安装完塑钢窗，让工人留点塑钢专用密封胶，省得以后漏风再让他们过来修补。

8.安好的插座要每个试一下，检查是否接好。

9.空调挂机的电源插座要放在高处，放低了，空调上的线够不着，很尴尬。同样，柜机的插座要低点，否则露出一根高高的线不雅观。

10.墙地砖勾缝要等活全部干完，在保洁前做，一铺完砖就勾

墙地砖勾缝

不行，工人还没撤，缝就黑了，既不干净也不平整。

11.浴霸应放在洗澡的位置上面，不要偏了，否则不节能。

12.买回来的家具一定要仔细看一遍，再付余款，等擦洗的时候说不定会发现有些地方有裂缝。

13.鞋柜的隔板不要做到头，留一点空间好让鞋子的灰能漏到最底层。

14.厨房的水槽和燃气灶上方要装灯。

15.卫生间地漏的位置一定要先想好，量好尺寸。地漏最好位于砖的一边，如果在砖的中间位置，无论砖怎么样倾斜，地漏都不会是最低点。

16.卫生间、空调插座均设计开关。特别是卫生间电热水器，以一双级开关带一插座为宜。

17.床垫下方和床板一定要透气。床板一般用杉木板最好。

18.买灯具一般尽量选用玻璃、不锈钢、铜或者木制(架子)的，不要买有镀层、漆之类的，容易掉色。

19.水电改造要自己计划好，要求工人按直线开槽，并做好验收。

20.很多施工中口头上的协议成了结账时被宰的缺口，增减的项目事先问清价格，达成书面协议。

装修应注意的七个细节

细节一：踢脚线质量　踢脚线除了有保护墙面功能之外，在家居美观的比重上占有相当比例。但踢脚线也经常是人们轻视的地方。粗糙廉价的踢脚线严重影响家装整体效果。

细节二：壁柜安装工艺品　嵌入式衣柜或其他一些嵌入墙体柜子的好处不少，既增大了柜子内部的空间，又显得柜体简洁、大方。应该注意的是，安放柜子的地面和柜子侧面的墙体必须水平和垂直。否则，等安装柜子的时候，会很难处理缝隙，勉强填补缝隙，视觉就有扭曲，显得很粗糙。另外，如果是推拉门的话，地面不平，还会造成推拉门不能严丝合缝地关闭。

细节三：光源设计　灯具安装之前要有主光源和辅助光源的观念。主光源指专门对某一个局部空间的照明，比如阅读用的台灯、落地灯、餐桌上的吊灯、墙面装饰照明用的射灯等。而辅助光源，才是每个房间差不

壁柜安装工艺

多中央位置的大灯。很多人在装修、布置家居的时候并没有这个概念。

细节四：玻璃胶防霉　玻璃胶是装修过程最不起眼儿的东西，主要在橱柜、洁具以及其他有缝的地方修补用。如果使用了质量不好的玻璃胶，过一段时间就会出现发黑、发黄的现象。装修期间的玻璃胶要购买防霉的产品。

细节五：填缝剂强度　在装修时，一般都采用白水泥粉填缝，但其黏结力和防水性都较差，脱水后或遇冷缩热胀就会出现裂纹，致使地砖渗水。另外，白水泥的粘贴牢度和硬度不如填缝剂好，而且抗变色能力也不如填缝剂。装修时，最好选用填缝剂。瓷砖填缝剂用色粉配颜色最好先调试一点看一下，再决定用量，否则不是太浅就是太深。

细节六：地漏规则　地漏排水要低于地面，这一点往往容易被忽略，且不容易改造。因此，务必向装修工人提醒，地漏排水一定要低于地面，以避免每次洗完澡后的"水漫金山"现象。

细节七：卫生间柜子要做金属脚悬空　否则以后漏水了不好修，平时打扫也不方便。卫生间一定要做防水，包括地面、墙壁。洗脸盆和龙头的尺寸要配套。腰线和花砖的位置要事先想好。

温
馨
的
环
保
家
居
大
全

家居装修的"七藏七露"

藏真露假　有的客厅门洞开得过多，显得凌乱，将进出不是很频繁的房间门加以隐藏，会增加整体感。可用一带滑轨的假书橱来掩饰，一般外人也不易发现破绽，如房间的窗户过小，可在适当的墙面上利用装饰画"露"出一个假窗来，同样会增添一种开放的感觉。

藏笨露精　彩电、冰箱、音响等家用电器已不再是富足的象征，失去了装饰作用，如将它们巧妙地"藏"在木制柜橱、木制花格挡板之后，并能很方便地抽出推进，既美观又可节省空间。

藏灯露影　大型的花卉有极好的装饰效果，可在其下方设置一至数个射灯，将花卉的影子投射到天花板或墙壁上，能强调其效果。当夏夜的微风吹来，会增添一种树影婆娑的美感。

藏重露轻　有的室内天花板上留有难看的"过梁"，造成一种生硬的沉重感。解决的方法是用装饰材料将其包装成曲线、曲面状，或可用造型独特的吊顶来遮盖，从而使天花板的败笔在艺术创意中变得轻盈起来。

藏拙露巧　较高大的储物柜会给人一种笨拙的感觉，而屏风让人感到

室内天花板上有"过梁"

轻巧。将这两件物品合二为一，便有了新奇的创意：即6扇屏风的中间4扇是储物柜的门，储物柜也就"藏"在了屏风的后面。这样的家具无论是放在卧室、客厅、餐厅或门厅处都是十分适宜的，且6扇屏风的造型可以是弧面也可以是折面。

藏精露典　精美的工艺品可储放在博物柜中，为了便于欣赏，在博物柜内装上几盏不同颜色的射灯，使工艺品更能展示其魅力。对墙上的艺术挂件、饰品也可专门加射灯照明，突出其观赏性，让其"暴露"得淋漓尽致。

藏厚露薄　冬季寒冷，挂一块厚些的、颜色深些的窗帘遮光挡风，在其内侧，再挂一块质软、色浅、带有风景图案的薄窗帘增加效果。

六、家居装修应注意

家装中应避免的误区

损坏结构　由于房主和施工人员缺乏常识，任意敲砸损毁房屋原结构，伤筋动骨，野蛮装修，使房屋安全出现各种隐患。

只顾豪华　现在不少家庭都装有塑料地板、化纤地毯、塑料发泡壁纸、仿石膏塑料发泡天花板、豪华落地窗帘、新潮组合家具等。然而在这苦心营造的安乐窝里，不少人却逐渐出现眼痛、头晕、恶心、喉痛等不适。据专家分析，不少现代装饰用品会散发对人体有害的物质，在挑选装饰材料时注意不要把"污染源"请进家中。

人为物累　一些家庭搞了豪华装

釉面砖

修后，仿佛成了物的奴隶，终日为地毯、墙壁、窗帘、家具的保养忙个不停，处处行为小心，动辄怕乱，活得很累。

一步到位　眼下不少家庭装潢追求一步到位，造成了选择装饰材料的盲目求新求精。其实，随着生活水平的日益提高，居室装潢永远不可能做到一步到位，而站在普通消费者的立场而言，也根本没有必要去追求所谓的一步到位。在家庭装潢中引入"时装"这一概念，不要使自己的居住环境长期一成不变，而要经常有所调整。装潢不必太豪华，盲目追求豪华所产生的副作用存在着不少隐患，如几年前家庭厨房、过道中普遍采用铺釉面砖，后来改成更高档的同质砖，如今则有不少家庭开始选择花岗岩材料。从耐磨功能角度而言，釉面砖早已足够应付，如今选择花岗岩之后，其实是用杀牛刀杀鸡，更大的副作用则不得不引人注意——如果家家户户都用花岗岩铺地，对房屋的承重能力将是一个严峻的考验，很可能产生意想不到的后果。

家居装修的禁忌

忌地板乱用立体几何图案以及色彩深浅不一的材料　这样容易产生高低不平的视觉效果，极易产生瞬间意识的视觉偏差，致使老人、儿童摔跤。

忌地板色泽与家具色泽不协调　均系大面积色块，一定要相和谐，如色彩、深浅反差过大，会影响效果。

忌过度追求豪华化倾向　花十几万元至几十万元进行装潢，以此炫耀身份。此种过度追求豪华，脱离实用舒适的装修，实则俗气之至，破坏了家居需安静舒适的初衷。

忌陈设色彩凌乱、搭配不当、"万紫千红"　同一房间色彩不宜过多，不同房间可分别置色，忌花里胡哨、杂乱无序。

忌大家具放在小房内　如在房内装置了顶天立地的庞然大物式的家具且把颜色漆得很深，这样一是破坏了房屋的整体造型，二是有碍视觉上的清爽感。

忌吊顶过重过厚过繁，色彩太深太花里胡哨　公寓式楼房本来层高偏低，这样会给人一种压抑、充塞、窒息之感。过分"华贵"导致舞厅化倾向，使安谧静怡的居室臃肿繁杂，失去了宁馨的静态居室之美。

忌随意拆墙打洞　房屋建筑中，有的墙壁为承重墙。装修时如果随意将这些墙拆除，将会影响安全。对承重梁也不能随意打洞，以免损坏其支撑强度。

居室应防止弄巧成拙

假花　它们不能像鲜花一样给室内增添生气，更多的是带来灰尘。

使用太多的靠枕　如果靠枕阻碍到你舒服地坐在沙发上时，那它显然是多余了。床上摆太多的靠枕，会让你就寝前花费不必要的时间整理，房内应该增加装饰品来代替靠枕。

太多的小摆设　每个家庭都会有一些小摆设、装饰品和配件等，但不宜太多，它的作用应在与不同的摆设组合里凸显出来。

害怕使用色彩　害怕在墙上使用色彩，害怕显得过于大胆，害怕结果和选择的错位，害怕和家具不匹配。

忽视窗户　窗饰对房间来说就像珠宝对女人一样重要。除了油漆，窗饰是改变整个房间观感的最容易和最便宜的方法。

靠墙摆放漂亮家具　把靠墙摆放的漂亮家具移到房间中央，使它暴露在视线下并成为一个很棒的视觉焦点，可收到放大空间的效果。

沙发披巾　用一条漂亮的披毯代替沙发整体覆盖的披巾，保持沙发的简单光洁的外观，不要在沙发上堆砌很多织品。

画框挂得太高　室内美术品如果需要抬头欣赏，那说明它挂得太高。最佳高度是人眼睛的高度。如果美术品太大，那就以门框上沿为基准挂画，不要超过它。

不适宜的灯光　通常人们认为

沙发披巾

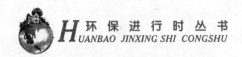
灯泡就是灯泡，灯罩就是灯罩，没有清晰认识到灯具带给人们的影响。而调光开关是一个非常好的秘密武器——便宜、容易安装，并能制造空间气氛和感觉。

随意摆放的地毯 是人们犯的一个大错误，因为它们使视线转移，从而割裂了空间的统一感，并且走在上面很容易滑倒。买地毯前，先在地板上量出要放置地毯的位置。地毯应该和沙发组合在一起，把所有座具的前脚都放在地毯上。

七、低碳装修，户型不是问题

低矮房间巧装修

房间四面墙的线条勾勒法 低矮房间最好不采用"墙裙"式的装修，这种方法会分割有限的高度，使房间显得更矮。低矮房间的四墙应选择垂直花色线条的图案来装修装饰，从房顶一直装到地面，不需保留"地脚"部分。且墙面的贴饰图案宜精细碎小，给人以远视效果。

天花板贴饰法 天花板的装饰可采用石膏的造型与图案，应以精细巧小为好，同时注

家具合理摆放

意以几组相同的图案来分割整个天花板，以消除整体图案过大而造成的压抑感。天花板上可喷涂淡蓝、淡红、淡绿等颜色，在交错变幻中给人一种蓝天、白云、彩霞、绿树的联想。灯饰以吸顶灯、射灯为首选，安装在非中央的位置，以2~4个对称的形式为好，这样可扩展空间，且灯光不宜太亮，暗一点更有高度感。

地面基色装饰法 如铺木板地面，最好不要用"龙骨"结构。地面应装饰出美观的图案以吸引人的注意力，让人忽视了低度空间的压抑感。地面的基色应偏深，深色有远离的效果。

家具摆放扩大法 家具外形也应以竖直线条为主，颜色浅淡一些。家具的尺寸，如橱柜选择低矮沿墙排列开来，以此反衬出房间的"高大"，或一直到天花板，最忌不高不低，在目光上方分割空间。沙发也应小巧。床尽可能低。如地上铺有地毯，坐着或躺在地上看书、娱乐、休息，也会觉得空间有扩大感。

外景内移法 为消除低矮空间的憋闷感，装修装饰中尽可能地引入"外界自然景物"。如在一面墙上贴饰青砖、红砖外墙、石砌墙等材料效果就很好。低矮房间内可置放一个曲格式的"博物架"，在其大小不同的格子中放些微型山水盆景、微型花草，以反衬出居室的"宏大"。

小户型巧变大空间

小户型要想"小中见大"，就需要对居室空间进行充分合理的布局，其要点如下：

巧用玻璃分空间 小户型的居室，对于性质类似的活动空间可进行统一布置，对性质不同或相反的活动空间可进行分离。此外，多安玻璃和镜子，可起到小中见大的作用。明亮的玻璃隔板，使视线通透、开阔，采光也会好。镜子易让人产生空间增多的错觉。如果房间小，又希望有自己的独立空间，采用隔屏、滑轨拉门或可移动家具来取代密闭隔断墙，是一种好办法。

浅色调延展视觉 小户型在色彩设计方面，可结合自身爱好选择浅色

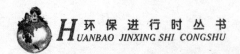

温
馨
的
环
保
家
居
大
全

浅色落地窗帘

调、中间色作为家具及床罩、沙发、窗帘的基调，这些色彩具有扩散和后退性，能使居室呈现宽敞的感觉。还可以用采光来扩大视野，如加大窗户的尺寸或采用具有通透性或玻璃材质的家具和桌椅等。

布置低矮家具 不宽敞的居室不宜摆放高大的家具，以免遮挡墙面，有屋顶压头的感觉。如换用低矮的家具，则会使墙面尽可能多露出一些，产生屋顶较高、室内空旷的效果。

巧妙装饰墙面 一是把墙纸一直贴到房间顶部；二是选用有垂直线条图案的壁纸，小房间要挑选图案细碎的壁纸；三是倘若有几间房，最好选择同一种颜色的壁纸，以增加空间感；四是墙面的色调要尽可能做到浅和淡。

选择落地窗帘 落地式窗帘或窗纱会给人以空间纵向延伸的感觉，颜色应以淡色为主。地面铺设选用条纹地毯或地板。借助其他手段挑选的装饰材料要具有反射光线的特点，如镜子、亮光漆或能反光的壁纸等，以增加空间感。还可借助灯光，让其从屋顶或家具背后射出光柱，会产生空间扩大了的梦幻感觉。

利用灯光营造家的温馨 不少业主在设计中总是在房子正中央装一个光源，仅仅满足照明的需要。小户型的客厅和卧室应尽量减少主力光源的运用。太单一的光源会使房间缺乏温馨感，而温馨则是小户型最主要的舒适感觉。在设计上，可以将主光源移至四角，再结合台灯、射灯等共同营造层次多样的环境。另外，在墙体上适当地安装镜子，可以使空间层次感和纵深感增强，对于小户型来说，可以从视觉上减少压抑感。

装饰好处远远多于装修 由于小户型对于大多数业主来说，主要用于过渡和投资，因此，在家居设计过程中应该着重从后期装饰上下工夫。相对于装修，装饰有许多好处。比如，装饰比装修花钱少，而且，装饰比装修污染少，再者，繁琐的装修会让小空间有压抑感和拥挤感，而装饰则可以通过光影的正确运用，使小空间得到延伸。

少用硬质隔断

小户型装修的误区

不够周全的强弱电布置 小户型房间虽小，但五脏俱全。又因居住者以年轻人居多，对电脑网络依赖度高，生活又随意，所以小户型对电路布置要求很高。要充分考虑各种使用需求，在前期设计时做到宁多勿缺，避免后期家具和格局变动后造成接口不足的尴尬。

复杂的天花板吊顶 小户型居室大多较矮，造型较小的吊顶装饰应该成为首选，或者干脆不做吊顶。如果吊顶形状太规则，会使天花板的空间区域感太强烈。

划分区域的地面装饰 小户型的空间狭小曲折，很多人为了装饰效果，突出区域感，会在不同的区域用不同的材质与高度来加以划分，天花板也往往与之呼应，这就造成了更加曲折的空间结构和衍生出许多的"走廊"，造成视觉的阻碍与空间的浪费。

硬质隔断 小户型装修应谨慎运用硬质隔断，如无必要，尽量少做硬质隔断，如一定需要做，则可以考虑用玻璃隔断。

过于宽大的家具 小户型家具的选择应以实用小巧为主，不宜选择特别宽大的家具和饰品。购买遵循"宁小勿大"的原则。还要考虑储物功

能。床应该选择周边有抽屉的。衣柜应选窄小一些且层次多的，如领带格、腰带格、衬衫格、大衣格等等。最好先在图纸上规划好家具的尺寸，再选择购买。

镜子的盲目运用　镜子因对参照物的反射作用而在狭小的空间中被广泛使用，但镜子的合理利用又是一个不小的难题，过多会让人产生眩晕感。要选择合格的位置进行点缀运用，比如在视觉的死角或光线暗角，以块状或条状布置为宜。忌相同面积的镜子两两相对，那样会使人产生不舒服的感觉。

简洁舒适的复式装修

在多种复式结构的家居装修中，不应追求繁杂奢华的装修，而采取简洁舒适、实用方便、充满温馨的装修风格。

要实现这种装修的风格，首先对一层的客厅设计要简约大方，整体色调以白色为主，电视墙使用红色的壁纸可打破空间的单调，进门

绿色马赛克

过道的房顶上垂直的灯池和几何形的电视墙形成了很好的呼应，极有立体感，整个装修风格虽然简洁但并不简单，处处体现出一个"巧"字。

楼梯盘旋而上，可见二层垂下的吊灯呈螺旋形，上下呼应有异曲同工之妙，当灯光透过楼梯时，又可营造出丰富的层次感。二楼阳台的空间既狭窄又比较高，站在里面会产生压抑感，因此阳台平面的房顶可改成拱形。为了节省空间，阳台门可设计为推拉折叠门，既美观又实用。

二楼主卧室天花板的一侧如有比较低的管道，为了最大限度争取空间

温馨的环保家居大全

的高度，可顺势做一个倾斜的石膏板吊顶，并将灯光隐入其中，既合理利用了空间，又避免产生压抑感。

利用墙面巧妙设计的书架和本色的草编壁纸，可营造出自然宁静的读书空间。二楼的小客厅可选用浅绿色的草编沙发作为配饰。卫生间的墙壁与地面选用绿色马赛克，这样绿色构成了二层的主色调。忙碌了一天之后，在这个充满温馨的家中，可尽情地释放自己的心情。

简约大方的时尚装修

为使客厅设计简约大方，整体色调应以白色为主，电视墙没有花哨的装饰，横向的壁纸和纵向的黑色烤漆玻璃形成了很强的立体感。白墙、黑玻璃、灰地砖，没有复杂的装饰，只有时尚的色彩和考究的材质。客厅地台的隐藏灯带不仅使空间显得非常明晰，而且玻璃台阶也给客厅单调的色彩带来了一些灵气。整个配置

木料

都体现出主人的爱好和品位，同时也是装修中的第一个亮点。

可在墙上挂两幅画，一幅是静态的，一幅是动态的，形成动静结合相互呼应的效果。

风格别致的卫生间是装修的第二大亮点。客卫，可用围绕墙面一周的镜子代替传统的腰线，既时尚美观，又能达到客用卫生间简单实用的原则。主卧和主卫生间的隔墙换成玻璃材质，不仅使整个房间通透明亮，而且也增加了情趣。由于客卫没有安装淋浴设备，因而可大胆地采用没有客卫门的，富有创意的开放式卫生间。

灯光的巧妙设计是这套装修的又一亮点。暖光中加入冷光，会显得暖光更暖一些，另外整个房间几乎没有主灯，多光源的设计会给整个居室带

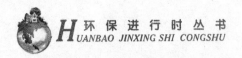

来不同的光感，使得卧室更加温馨舒适，也可以满足不同心情的需求。

 八、季节与装修的关系

春季装修注意事项

在潮湿的春季装修，建材的质量愈发显得重要。

木料　选购木料时，一定要到大批发商处，因为大批发商的木料一般是在产地做了干燥处理后，再用集装箱运来。中间环节的减少，相应减少了木料受潮的机会。

门窗留余地

涂料　应该选择附着力好、弹性好的涂料，相对来说，它的耐受变形能力要比一般的涂料强得多。

贴瓷砖用水泥　春季干燥所需时间久，瓷砖和水泥要以合适的配比铺贴牢固。此外，各种木器、线脚所使用的黏合剂应选用高质量、弹力好的，可避免木器、线脚在充分干燥后出现开裂或脱落的现象。

油漆需使用吹干剂　油漆吸收空气中的水分后，会产生一层雾面。可以要求装修公司使用吹干剂，使油漆干得快一些。

乳胶漆用空调抽湿　墙面上使用的乳胶漆因为干得慢，在潮热天气中会发霉变味，如有条件，施工后可打开空调抽湿，彻底去除空气中的水分。

铺木地板时要先做防水防潮处理　先用珍珠棉或沥青打底，然后在安装地板时留伸缩缝。这样地板才不会起翘，也不会因潮湿而发黑发霉。

夏季装修注意事项

防潮是关键　夏季空气湿度大，一些易吸收水分的材料如木材、板材、石膏板，在运输过程中处理不当，极易受潮。如果防潮工作做不好，到较为干燥的季节，很容易出现木料变形、地板翘起等问题。

给瓷砖"喝水"　夏天，一些装饰材料较之平常更为干燥。比如对地砖、瓷砖等需要经泡水处理的材料，要延长处理的时间，使其水分接近饱和状态。这样，在黏接时就不会出现由于材料吸水而同水泥黏接得不牢固，避免出现地砖、瓷砖空鼓、脱落的现象。

时间细算计　在处理石膏类的材料时，应该严格控制凝结时间。因为在高温的天气条件下，石膏的成型更不易控制，必须严格地控制凝结时间，使之达到标准抗压、抗拉强度和细度。

内墙慎处理　受夏季炎热天气影响，在对内墙进行涂料处理时，应特别注意其稳定性和黏接强度及初期干燥的抗裂性。应采取的方法是：仔细观察细微处，详细记录并作比较。

门窗留余地　在塑钢门窗、推拉门的测量和安装中，要注意考虑材质的热胀冷缩因素，适当留有余地。比如，塑钢属受气温影响较大的材料，在夏季安装时尺寸上应该略有"富余"，否则到了冬季可能因气温降低而出现缝隙、变形。

地板须紧凑　在铺装地板时，缝隙应较其他季节安排得更加紧密，以避免在气温降低时缝隙变大而影响美观。

地板与墙的接缝处　可用地板压条形成过渡，这样不仅处理好了墙

与地板缝隙可能过大的弊端，也能达到美化居室的效果。

雨季装修注意事项

油漆应避开下雨天　对于木制品，无论是刷清漆还是做混油时刷硝基漆，都不要在下雨天时进行。因为木制品表面在雨天时会凝聚一层水汽，这时如果刷漆，水汽便会包裹在漆膜里，使木制品表面浑浊不清。虽然雨天对于墙面刷乳胶漆的影响不太大，但也要注意适当延长第一遍刷完后进行墙体干燥的时间。一般来讲，正常间隔为2小时左右，雨天可根据天气状况再延长。

刮墙腻子可趁早　墙壁天花板上面的刮墙腻子，每一遍要经过一段干燥期，每遍干透才能再刮一遍。所以施工时，这道工序不要放在工程接近尾声的时候再进行，最好早点安排，让间隔时间能够长一些，以便吹干。如果遇上连续的下雨天气，空气太潮湿，墙面不容易干，则可以用太阳灯照射墙面，以便促成它尽早烘干，避免日后出现发黄、鼓泡等问题。

刮墙腻子

刮腻子一般需要1～3遍，其间正常的干透时间为1～2天。阴雨天刮腻子时，应用干布将墙面水汽擦拭干净，以尽可能保持墙面干燥。

电线受潮短路要预防　阴雨天装修时，电路改造应注意规范化操作，特别是在阳台等容易被雨淋湿的地方，一定要将未埋线时露在电线外面的铜制线头包好，以防止电线受潮后短路。对于环绕在受潮的木龙骨、大芯板等木制品周围的电线，更应注意到这一点。对这些部位一旦不谨慎，很有可能引发火灾。雷雨天，家庭装修中的电路改造一定要停工，否则非常危险。

秋季装修注意事项

秋季气候干燥，木质板材不易返潮，涂料、油漆易干。秋季装修的效果虽好，但在装修时，同样要注意避免因季节和气候产生的问题。

防干裂　秋季气候干燥，木材运进装修现场后，要避免放在通风处，并且要在表面尽快做封油处理。以免木材内水分迅速丢失，表面干裂，出现细小裂纹。

防失水　壁纸要自然阴干。有的家庭装修墙壁，大多是刷涂料或贴壁

木地板收缩

纸，夏季因为空气潮湿，应打开门窗通风透气，而秋季气候干燥，壁纸在铺贴前一般要放在水中浸透，然后再刷胶铺贴，此时应避免大开门窗，以免壁纸失水，发生收缩变形现象。

防收缩　对房屋出现的季节性问题不急于做修补。夏季空气湿度大，墙、地面、木质家具中所含的水分都比较大。这时可能会因季节变换而出现一些问题，如木地板收缩，板与板之间的缝隙加大，墙与门框因属于两种不同的材质，收缩率不同，所以可能出现缝隙，这些都属于正常现象。另外，对于需要维修的项目，如墙面出现的季节性开裂，并不要急于马上修补。因为如果墙体开裂，说明墙体内的水分正在逐渐挥发，如果这时修补好，等水分继续挥发时，墙面仍有可能继续开裂。应等到墙内水分与外界气候适宜时再补修。

冬季装修注意事项

由于冬季气温低、空气比较干燥，因此冬季装修要注意以下6点：

1.冬季室内外温差大，无论是墙砖还是地砖，一定要等适应了室内温度后才能铺贴，以免施工后出现空鼓、脱落的现象。

2.冬季涂刷油漆会干得很快，可以有效地避免其对空气中尘土微粒的

吸附。因此，冬季比较适宜刷油漆。

3.冬季装修要注意紧闭门窗，保证室内气温至少不低于5℃。尤其是做油漆活儿更要注意"保暖"，充分干燥后再敞开门窗通风。常用的混色涂料施工时环境温度应在0℃以上，清漆施涂时的环境温度则不得低于8℃。在达不到温度要求的房间要配备电暖气，以保证装修质量。

4.装修中所用的主材，尤其是木材，应提前备齐，最好在有采暖设备的室内放置3～5天，以挥发由于温度变化而吸收的水分，让木材的含水率与屋内的温度相近，以免装修后出现变形。

5.冬季适合木质材料施工。装修常用的一些材料如木材、木龙骨、木器、石膏板等，容易受潮后长霉并裂开和变形。由于冬季比较干燥，木材中的含水率是一年中的最低点，此时进行装修施工基本上可以杜绝开裂和变形的现象。

6.冬季木地板的铺装要结合室内温度进行。如果室内温度比较高，铺装木地板时，板与板之间的缝隙就要尽量小一些。如果室内温度比较低，板与板之间的缝隙就可以大一点。地板与墙的接缝处用地板压条形成过渡，能较好地处理墙与地板缝隙过大的弊端。

九、绿色客厅装点指南

客厅的布置与装饰

客厅的颜色　客厅一般是以清爽的中性偏暖的色调为主。如橙色、绿色、蓝色等，使之与室外的环境有所区别，同时更能体现出家的温馨。

客厅的灯光　客厅的灯光也是烘托居家氛围的重要角色。暖色和冷色的灯光在客厅内均可以使用。暖色制造温情，冷色则更清爽。可以应用的灯具也有很多：荧光灯、射灯、吸顶灯，还有一些壁灯也可使用。

客厅的家具　在客厅，家具的选择，一种是低柜，另一种是长凳。

低柜属于集纳型家具，可以放鞋、杂物等，柜子上还可放些钥匙、背包等物品。有人喜欢将低柜做高，成为敞开式的挂衣柜，倘若客厅的面积不大，如果一进门，就有一堆衣服迎面而来，多少会显得有些拥挤，因此最好还是将衣物挂在专门的衣柜中。长凳的作用主要是方便生人换鞋、休息等，而且不会占去太大空间。

客厅

客厅的饰物 要想装饰出一个有气氛的空间，一些小饰物是必不可少的。例如，在客厅的墙壁上可挂些装饰画，也可挂一幅与家人合拍的照片或是小型挂毯，或者挂上一面镜子。只要稍加留心，客厅就会成为家中的一道风景。

"小"客厅里的"大"设计

很多家庭的客厅给人一种"小"的感觉，一方面是空间面积本身造成的缺陷，另一方面也是家具的摆放产生空间压迫感造成的。小客厅完全可以"变"得很大，这种变化可以是空间上的，也可以是心理上的。

客厅的摆设很重要

一是将一些心理空间及视觉空间作转换、跳离，虚实运用，空间就会在不知不觉中放大。客厅的吊顶就是一个打破空间局限的方法，以往的吊顶做得过厚，不适于层低的客厅，可以采用薄一点的石膏板吊顶来加大

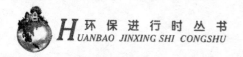

空间的开阔感。

二是选择恰当的家具摆设。家具是客厅布置的焦点。在人们通常的观念里，客厅一定要摆放一套沙发。这对于一些小客厅显然不适合，因为沙发会占据客厅大半的空间。但如果只放上一张双人沙发，再准备几把椅子，会客的功能没有消失，但视觉效果就轻松了许多。而客厅里的柜子也最好做成活动式的，能够随意组合，这样也能够丰富客厅的布局和变化，给人一种新鲜感。

三是客厅的色彩采用整体的基调，色彩对整个客厅的气氛起着决定性的作用。当然，这需要根据客厅的采光条件来考虑，阳光充足的可以选用冷色调，而光照不足的，可用暖色调来补充。

如何让背阴客厅更明亮

如果房子刚好是背阴的客厅，碰上天气变化时一片灰暗，就会影响到家人和客人的情绪。装修时要利用一些合理的设计方法，达到扬长补短的目的，让背阴的客厅变得光亮起来。

客厅的花卉

多补充日光源　光源在立体空间里塑造耐人寻味的层次感，适当地增加一些辅助光源，尤其是日光灯类的光源，映射在天花板和墙上，能收到奇效。

统一色彩基调　背阴的客厅忌用一些沉闷的色调，选用白桦饰面，枫木饰面哑光漆家具，浅米黄色柔光丝光面砖，墙面采用浅蓝色调试一下，在不破坏氛围的情况下，能突破暖色的沉闷，较好地起到调节光线的作用。

尽可能地增大活动空间　　根据客厅的具体情况，设计出合适的家具，靠墙展示柜及电视柜也量身定做，节约每一寸空间。在视觉上保持了清爽的感觉，自然显得光亮。

怎样用花卉美化客厅

客厅是家的门面，也是摆花的重点区域。客厅摆花在配置技巧上应注重视觉上的平衡。色彩鲜艳的叶片、奇特的形状或强烈质感的植株，都会有较大的眼球吸引力。植株的体积可根据客厅的大小来决定，无须太大。

摆放的形式多种多样。

可摆成对称式布局　　两株枝叶下垂的植物分别放在亭亭玉立的一株较大植株的两侧，形成理想的对称式布局。

可摆成不对称式布局　　在一株较大的亭亭玉立的植株旁配上两株体积较小的枝叶下垂的植物，这样错落有致，也感觉很平衡、很美，比单独分开放置效果要突出得多。

植物与饰物的平衡　　两株茂盛的观赏凤梨置于桌几上绿色瓮罐的两边。为使这个组合更完美，可在瓮罐的两边等距摆放两件饰物。这个组合的成功点在于将红花和瓮罐的绿色形成呼应。

规则式平衡与对称式结合要选择形状和外观都适宜室内的植物，如香桃木(即爱神木)。两株香桃木分放在桌几镜子的两边。月桂与橘树亦置于合宜的地方。桌上再

设计书房要采光

有一盆简洁的插花，就形成平衡与对称式结合，很大方、也很美。

十、绿色书房装点指南

设计书房要看好气象

书房的照明与采光　书房对窗口的朝向要求并不高，而对照明和采光要求较高，所以写字台最好放在光线充足但阳光不直射的地方。书柜玻璃最好能选择有色的，这样既能方便地选择书，强光线又不能直射到书上，有利于保持书籍的质量。书房内最好要设有台灯和书柜用的射灯，便于主人阅读和查找书籍。台灯光线要均匀地照射在读书写字的地方，不宜离人太近，以免强光刺眼。长臂台灯特别适合书房的照明。

棕色书房

书房要保持安静的环境和适宜的温度　在装修书房时要选用隔音吸音效果好的装饰材料。天棚可采用吸音石膏板吊顶，墙壁装饰可采用PVC吸音板或软包装饰布等，地面可采用吸音效果佳的地毯。

书房要有适宜的空间和通风条件　这不仅是健康的需要，也因为电脑等设备工作后需要通风散热。此外，空气流通还有利于调节书房的湿度，有利于保护书籍。

书房色彩的选择

书房是凝聚知识、凝聚智慧的场所，绝对不可以轻佻花哨，一定要有沉静之气。那么，书房选择什么样的颜色，可以让自己安静下来呢？

原则上说，书房的颜色可以根据个人喜好而定，但应该遵循"安抚情绪、镇定思考"的原则，在什么样的色调中容易集中精神思考问题，那就可以采用什么颜色。

活泼好动的人 平常难以集中精神，那么棕色就可以帮助静心。采用棕色，一进门就有一股沉静的气氛，好像把各种浮躁的思绪全都压缩到了最小，基本发挥不了作用了，人的头脑才可以自由自在地驰骋，不会有任何障碍。

喜欢安静的人 任何时候自己都愿意安静、愿意思考，根本不需要环境帮助静下来。那么就可以选择白色，因为这种颜色象征着没有成见，不被任何已有的知识所束缚，所追求的，就是全面了解一种新鲜的观点，从各种角度衡量它的优劣得失。如果情绪不是十分稳定，常常有波动，建议不要采用这样的颜色。

对神秘事物感兴趣的人 可以选择黑色。黑色可以象征苦苦追寻而不得的沮丧，那么，当找到以后，也许就会改变书房的颜色，让书房变得和心灵一样，温暖而明亮。

家具与书房的搭配

尽可能装全套选购 家具的造型、色彩应争取一致配套，从而营造出一种和谐的学习、工作氛围。

色彩因人因家而异 一般说来，学习、工作时，心态须保持沉静平稳，色彩较深的写字台和书柜可帮人

书房里的植物搭配

进入状态。但在这个追求个性风格的时代，也不妨选择另类色彩，更有助于激发想象力和创造力。

座椅应以转椅或藤椅为首选

坐在写字台前学习、工作时，常常要从书柜中找出一些相关书籍，带轮子的转椅和可移动的轻便藤椅可以带来不少方便。

强度与结构要注意 不但书柜内的横隔板应有足够的支撑，以防日久天长被书压弯变形，写字台的台面支撑也要合理，沿水平面目测一下，检查台面，看看是否有中间下垂、弯曲等问题。

写字台、书柜都可考虑量身定做 不但书柜可以优先考虑定做，写字台也可特制。如两人同时在家办公和学习的写字台目前市场上难以寻觅，不妨在沿窗子的墙面，做一个50厘米左右宽、200厘米多长的条形写字台，则可同时满足两个人的需要。

植物与书房的搭配

书房可以选择一些适合室内种植的盆栽常绿植物，因为这些植物有天生调节居室内环境的作用。那么书房到底要放什么植物比较合适呢？

旺气类植物 常年绿色不败，叶茂茎粗，挺拔易活，看上去总是生机勃勃，气势雄壮，它们可以调节气氛，起到增强环境气场的效果，令室内健康祥和。推荐植物：大叶万年青、巴西木、棕竹、富贵树、阔叶橡胶等。

吸纳类植物 与旺气类植物相差不多，它们也是常年绿色植物，最大的功能是可以缓慢地吸收环境场中对人体有害的气体。推荐植物：山茶花、小桂花、紫薇花、石榴、凤眼莲、小叶黄杨等。

观赏类植物 不仅能增加室内生气，可赏心悦目，而且可选择性很多，可根据个人喜好选择。

不宜植物 夜来香——在晚间会散发大量刺激性很强的气味，对患有高血压和心脏病的病人危害很大。

书房忌用蓝色灯光

一些质量不过关的蓝紫色灯饰，发出的光波超出了眼睛的适应波长，形成紫外光，会对眼睛造成类似日光或电焊弧光灼伤的损害，导致电光性眼炎。因此，经常熬夜的人最好不要将书房灯光的主基调设计成蓝色，应选择白炽灯。同时注意居室空间与照明光度的搭配，一般来说，面积在15～18平方米用60～80瓦照明、30～40平方米用100～150瓦就可以了。

而在阅读舒适的前提下，不要忽视照明灯具距桌面的最大距离，如果采用25瓦的白炽灯泡最好离书桌50厘米。

书橱

如果条件允许，最好能配一个护眼台灯，因为护眼台灯既解决了白炽灯光色偏红、反差低的问题，又能解决节能灯和日光灯频闪对视力造成的伤害。

书橱设计的讲究

书橱的设计高度通常在1.8米左右，多采用由地面至0.78米左右高度的封闭式结构，收藏不经常取阅的书籍；0.78米以上高度采用通透或开敞式结构，存放常阅的书籍；取用时既方便，又不致弯腰屈背。若以地面至天花板的高度设计通高搁架，则有存放量大而不占地方的特点，但取用上方书籍不便。书架的深度一般为0.25米左右，若作单体书橱可放宽至0.3米左右。宽度可视需要自由确定，但若是木制形式，宽度一般不宜超过1米。

小居室书架巧设计

多层滚轮式书架 如果常用的书刊数量不多，可以制作一个方形带滚轮的多层小书架。它可以根据需要在房间内自由移动，既可作书架，又可当茶几使用。

屏风式书架 厅房一体户，可以利用书架代替屏风将居室一分为二，外为厅，里为房。书架上再巧妙地摆些小盆景、艺术品之类，还有美化居室的效果。

床头式书架 在靠墙的床头上改做书架，并装上带罩的灯，既可放置常用书籍，又便于睡前阅读。

多用连体书架 把两个敞开式书架叠放，背部都朝向书桌，再把一个敞开式书架放到书桌上，并使其背面与叠放的书架背部相依靠，可形成一个多用途的连体书架。既可供孩子使用，又可供大人工作、书写使用。

利用壁面配置敞开书架 对于房间较小而书籍又很多的情况，可充分利用墙壁配置敞开式书架，这样能方便取、放书籍。

客厅两侧的装饰性书架 在室内窗户两侧配置敞开式书架，既可以合理利用空间，又可以增添室内装饰美感。为避免阳光晒到书籍，应挂卷拢式窗帘，这样既不会影响窗帘收放，又有艺术韵味。比较适合厅房一体的家庭。

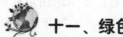 **十一、绿色卧室装点指南**

卧室格局的讲究

整体格局 卧室的位置应尽可能远离大门，以免从楼梯间传来的嘈杂

卧室床的摆放要合理

声音干扰睡眠。同时最好让厨房和卫生间也离卧室远些，同样是为了避免无关声音的干扰，而且食物的味道对人也会有影响。

通常卧室会摆放床、衣柜和梳妆台等，如果卧室相对比较大，可以间隔出一个储衣柜。

如果卧室是长方形，可以在房间长的那一面从背光处隔出1.5米，在这个位置做一个储衣间。这个储衣间的存在使房间变成了正方的尺寸，而在正方形的房间里人会感觉比在长方形的房间舒服。

如果隔出一个储衣间后，还是有一个狭长的空间(看上去还是很别扭)，那么，可以试着用个"半透明"的隔框隔开，这样的隔框能令自然光线变得更柔和。这样做的结果是卧室分隔成两部分：光线充足的工作区和有些黑暗的睡眠区。这样的分区可以在房间内创造一种舒适的感觉。

床的摆放　尝试一下意想不到的摆放床的方法。例如不横着摆，也不顺着摆，而是床头顶着房间一角(就是顺着一条对角线摆放)。

这样，使用床的两个人可以从两个方向上下床，相互不影响。而且，在床头后的空间(哪怕是不大的地方)还可以放置一个储物柜。如果卧室的

空间不大，在选择床的时候，可以选择带有储藏箱或者抽屉的床，可以节省很多空间。

卧室颜色的搭配

卧室色彩的选择不但是一个美学问题，还涉及人本身的生命信息、爱好等多方面的因素。对卧室颜色的总体要求是协调自然，色彩以温馨素雅为宜，切勿太过鲜艳。宜选用白色和燕麦色，这类色彩能使人迅速平静下来。

根据五行的原理，卧室方位与颜色选择有以下的对应：

卧室方位在正东方与东南方，适宜绿、蓝色；正南方适宜淡紫色、黄色；正西方适宜白与米色；正北方适宜灰白、米色与红色；西北方适宜灰、白、黄、棕；东北方适宜淡黄、铁锈色；西南方适宜黄、棕色。

同时，卧室家具的色彩也很重要，对卧室内的装饰效果起着决定性作用，因此不能忽视。

对于较小的、光线差的房间，不宜选择太冷的色调，应选择一些浅

温馨的环保家居大全

厨房设计要领

色家具，如浅灰、浅米黄、浅褐色等，可使房间产生宁静、典雅、清幽的气氛，且能扩大空间感，使房间明亮爽洁。而中等深色的家具，包括中黄色、橙色等，色彩较鲜艳，可使房间显得活泼明快。大房间、朝阳的房间，可以有比较多的选择。

十二、绿色厨房装点指南

厨房设计要领

在设计厨房时，一般要把握好以下几个方面：保持通风和良好的采光；运用推拉门设计能呈现出随心所欲的开放和封闭状态等。厨房设计要注意通畅，设计的最基本理念是："三角形工作空间"，即洗菜池、冰箱及灶台都要安放在适当位置，相隔的距离最好不超过1米。

在各种厨房中，一字形厨房要把所有的工作区都安排在一面墙上，通常在空间不大、走廊狭窄的情况下采用。工作台不宜太长，最好安排一块能伸缩调整或可折叠的面板，以备不时之需。L形厨房要将清洗、配膳与烹调三大工作中心依次配置于相互连接的L形墙壁空间。u形厨房在工作区共有两处转角，水槽最好放在u形底部，并将配膳区和烹饪区分设两旁，使水槽、冰箱和炊具连成一个正三角形。走廊形的厨房要将工作区安排在两边平行线上。

如有足够的空间，餐桌可安排在房间尾部。需要注意的是：不论什么格局的厨房，水槽以及各个操作台面的最佳宽度为80厘米。同时，厨房的洗涤池不应太靠近转角位置，一般在厨房洗涤池的一侧保留最小的案台空间45厘米，而另一侧保留的最小案台空间为61厘米。

此外，在厨房里还要留下足够的通行空间，通道的宽度范围通常是76~91厘米。

厨房风格的选择

手背开关

厨房设计的关键在于协调橱柜、用品的尺寸，使主人在操作时能得心应手。根据我国的人体高度测试，以下数据供人们确定厨具尺寸时参考：操作台高度为80～90厘米，宽度一般在50～60厘米；抽油烟机与灶台的距离为60～80厘米；操作台上方的吊柜要以不使主人操作时碰头为宜，它距地面不应小于145厘米；吊柜与操作台之间的距离为50厘米。根据国人的平均身高，取放物品的最佳高度为95～150厘米。若能把常用的东西放在此高度范围内，就能减少弯腰、下蹲和踮脚的次数。一些高档橱柜在这方面有不少突破，如台面高度可调节等。

开放式厨房受宠于现在的户型设计，多将厨房面积加大，或是与餐厅连为一体。如今，厨房与餐厅之间取消固定隔墙，甚至厨、餐空间与起居室融为一体的模式已成为趋势。

厨房装修注意事项

1. 厨房的瓷砖不要买哑光的，否则油腻很难擦。

2. 定做整体橱柜一定要注意扣板的水平，否则橱柜装好后就原形毕露了。

3. 人造大理石尽量用白色或者浅色的，即使有划痕也不是那么明显。

4. 先安装橱柜后安装抽油烟机不合理，因为这样安装抽油烟机时会有许多麻烦，而且与橱柜之间的缝也比较大。最好能同时安装。

5. 菜盆水龙头一定要选能用手背开关的，那种必须用手指开关的不容易保持干净，手上有油的时候转动起来也有困难。

6.隐蔽工程一定要做好，尤其是厨房的插座位置要妥当，否则会影响到橱柜的尺寸和整体效果。

7.厨房门旁的上端最好装个插座，以便今后放煤气报警器。

8.如果是狭长形的厨房，厨盆又在顶头，最好在厨盆上方装个吊灯，否则晚上洗东西是背光的。

9.厨房吊顶不要用暗色，再加上昏暗的磨砂灯，厨房的照明会很不理想。

10.通往热水器的煤气管，千万不要从下柜穿上来。

11.通往灶具的燃气管，横向走管的高度最好在70～75厘米之间，太低的话，将浪费下柜空间。

12.煤气灶的下面，若要设计消毒柜或抽屉，一定要考虑别碰了煤气管。

抽油烟机

如何打造开放式厨房

空间改造要巧 每个厨房空间都有防火墙或过顶梁等基本结构，对厨房隔墙改造时，一定要考虑这些情况，做到"因势利导，巧妙利用"。

比如，可以考虑保留过梁，将它改造成"开放式厨房"的吧台灯光顶。

选用易洁材料 餐厅和客厅的墙面、地面应与厨房一样选用容易清洁的材料，地面最好选用地砖、强化地板等材料，切忌铺贴实木地板。

家具橱柜风格统一 如果开放式厨房是餐、厨、客一体式的，那就要

"扇子"屏风

考虑客厅、餐厅的家具与厨房家具风格是否和谐。可以寻找经营项目全面一些的装修公司，尽量做到家具和橱柜在风格上和谐一致。

留出足够回转空间 在开放式厨房间摆放餐桌椅时，必须注意要留出烹饪操作空间，当餐椅拉出餐桌时，一般的餐桌椅至少要占2米的宽度，再加上橱柜的进深，这就要求开放式厨房的长或宽一边至少要在3.6米以上。

通风很重要 在为开放式厨房选择炉具时，应考虑选用不会产生太多油烟的厨房用具，因此，大功率多功能的抽油烟机是开放式厨房不可缺少的"除烟卫士"。

开放式厨房的台面上不应放置过多炊具。因此，橱柜的储物功能尽可能设计得多一些。

另外，开放式厨房的窗户最好要大一些，这样能确保通风良好，以减少室内的油烟味。

尝试在客厅里"挤"出个小餐厅

许多家庭由于住房面积的限制，没有专门的餐厅，而是将餐厅放到了

客厅里，这样在会客时可能就会显得不便。要解决这个问题，只要在客厅与餐厅区域之间加个"扇子"屏风就可以了。

　　所谓"扇子"屏风，可不是指屏风"长"得像扇子，而是它可以像扇子一样开合，通常是由一种柔软打褶的无纺布材料制成的，除了可以打造出私密的角落效果外，其气泡结构还可以吸收室内噪音。如果买不到合适的成品，有很多方法可以替代它：如在相对的两面墙上打孔，中间拉上绳子并在上面挂上帘子，帘子的图案颜色可以根据个人喜好选择。或者使用一个可收缩的木制长棍，上面装饰照片或画片，也别有新意。

第五章　低碳装修，绿色家居生活第一步